新型职业农民创业致富技能宝典
规模化养殖场生产经营全程关键技术丛书

# 规模化生猪养殖场生产经营全程关键技术

朱　丹　邱进杰　主编

中国农业出版社
北京

**图书在版编目（CIP）数据**

规模化生猪养殖场生产经营全程关键技术 / 朱丹，邱进杰主编. —北京：中国农业出版社，2018.10（2020.8重印）
（新型职业农民创业致富技能宝典.规模化养殖场生产经营全程关键技术丛书）
ISBN 978-7-109-24714-7

Ⅰ．①规…　Ⅱ．①朱…②邱…　Ⅲ．①养猪场—经营管理　Ⅳ.①S828

中国版本图书馆CIP数据核字（2018）第233741号

中国农业出版社出版
（北京市朝阳区麦子店街18号楼）
（邮政编码　100125）
责任编辑　黄向阳　刘宗慧
────────────
北京万友印刷有限公司印刷　　新华书店北京发行所发行
2019年2月第1版　　2020年8月北京第2次印刷
────────────
开本：910mm×1280mm　1/32　　印张：8.75
字数：210千字
定价：29.00元
（凡本版图书出现印刷、装订错误，请向出版社发行部调换）

# 规模化养殖场生产经营全程关键技术丛书
## 编委会

主　任：刘作华

副主任（按姓名笔画排序）：

王永康　王启贵　左福元　李　虹

委　员（按姓名笔画排序）：

王　珍　王　玲　王永康　王阳铭

王启贵　王高富　王海威　王瑞生

朱　丹　任航行　刘安芳　刘宗慧

邱进杰　汪　超　罗　艺　周　鹏

曹　兰　景开旺　程　尚　翟旭亮

主持单位：重庆市畜牧科学院

支持单位：西南大学动物科学学院

重庆市畜牧技术推广总站

重庆市水产技术推广站

## 本书编写人员

主　　编：朱　丹　邱进杰

副 主 编：刘　良　张廷焕　龙　熙　蒋　雨

编　　委：朱　丹　邱进杰　郭宗义　刘　良
　　　　　张廷焕　龙　熙　蒋　雨　王可甜
　　　　　陈主平　张凤鸣　陈四清　周文龙
　　　　　柴　捷　张　亮

编　　者：（按编写的先后顺序排名）：
　　　　　朱　丹　邱进杰　刘　良　张廷焕
　　　　　龙　熙　蒋　雨　郭宗义　王可甜
　　　　　陈主平　张凤鸣　陈四清　周文龙
　　　　　柴　捷　张　亮　李大军　薛　梅
　　　　　张　莉　刘德洪　潘　晓　曾　莉
　　　　　谢佳嫦　苏灿坤　林　俊　潘红梅
　　　　　罗天慧

图片提供：朱　丹　郭宗义　刘　良　张　亮
　　　　　柴　捷　王可甜　陈四清

主　　审：朱　丹　郭宗义

# 本书有关用药的声明

随着兽医科学研究的发展、临床经验的积累及知识的不断更新，治疗方法及用药也必须或有必要做相应的调整。建议读者在使用每一种药物之前，参阅厂家提供的产品说明书以确认推荐的药物用量、用药方法、所需用药的时间及禁忌等，并遵守用药安全注意事项。执业兽医有责任根据经验和对患病动物的了解决定用药量及选择最佳治疗方案。出版社和作者对动物治疗中所发生的损失或损害，不承担任何责任。

中国农业出版社

# PREFACE 序

    改革开放以来，我国畜牧业经过近40年的高速发展，已经进入了一个新的时代。据统计，2017年，全年猪牛羊禽肉产量8 431万吨，比上年增长0.8%。其中，猪肉产量5 340万吨，增长0.8%；牛肉产量726万吨，增长1.3%；羊肉产量468万吨，增长1.8%；禽肉产量1 897万吨，增长0.5%。禽蛋产量3 070万吨，下降0.8%。牛奶产量3 545万吨，下降1.6%。年末生猪存栏43 325万头，下降0.4%；生猪出栏68 861万头，增长0.5%。从畜禽饲养量和肉蛋奶产量看，我国已然是养殖大国，但距养殖强国差距巨大，主要表现在：一是技术水平和机械化程度低下导致生产效率较低，如每头母猪每年提供的上市肥猪比国际先进水平少8~10头，畜禽饲料转化率比发达国家低10%以上；二是畜牧业发展所面临的污染问题和环境保护压力日益突出，作为企业，在发展的同时应该如何最大限度地减少环境污染？三是随着畜牧业的快速发展，一些传染病也在逐渐增多，疫病防控难度大，给人畜都带来了严重危害。如何实现"自动化硬件设施、畜禽遗传改良、生产方式、科学系统防疫、生态环境保护、肉品安全管理"等全方位提升，促进我国畜牧业从数量型向质量效益型转变，是我国畜牧科研、教学、技术推广和生产工作者必须高度重视的问题。

党的十九大提出实施乡村振兴战略，2018年中央农村工作会议提出以实施乡村振兴战略为总抓手，以推进农业供给侧结构性改革为主线，以优化农业产能和增加农民收入为目标，坚持质量兴农、绿色兴农、效益优先，加快转变农业生产方式，推进改革创新、科技创新、工作创新，大力构建现代农业产业体系、生产体系、经营体系，大力发展新主体、新产业、新业态，大力推进质量变革、效率变革、动力变革，加快农业农村现代化步伐，朝着决胜全面建成小康社会的目标继续前进，这些要求对畜牧业发展既是重要任务，也是重大机遇。推动畜牧业在农业中率先实现现代化，是畜牧业助力"农业强"的重大责任；带动亿万农户养殖增收，是畜牧业助力"农民富"的重要使命；开展养殖环境治理，是畜牧业助力"农村美"的历史担当。农业农村部部长韩长赋在全国农业工作会议上的讲话中已明确指出，我国农业科技进步贡献率达到57.5%，畜禽养殖规模化率已达到56%。今后，随着农业供给侧结构性调整的不断深入，畜禽养殖规模化率将进一步提高。如何推广畜禽规模化养殖现代技术，解决规模化养殖生产、经营和管理中的问题，对进一步促进畜牧业可持续健康发展至关重要。

　　为此，重庆市畜牧科学院联合西南大学、重庆市畜牧技术推广总站、重庆市水产技术推广站和畜禽养殖企业的专家学者及生产实践的一线人员，针对养殖业中存在的问题，系统地编撰了《规模化养殖场生产经营全程关键技术丛书》，按不同畜种独立成册，包括生猪、蜜蜂、肉兔、肉鸡、蛋鸡、水禽、肉羊、肉牛、水产品共9个分册。内容紧扣生产实际，以问题为导向，针对从建场规划到生产出畜产品全过程、各环节遇到的常见问题和热点、难点问题，提出问题，解决问题。提问具体、明确，解答详细、充实，图文并茂，可操作性强。我们真诚地希望这套丛书能够为规模化养殖场饲养员、技术员及相关管理人员提供最为实用的技术帮助，为新型职业农民、家庭农场、农民合作社、农业企业及社会化服务组织等新型农业生产经营主体在产业选择和生产经营中提供指导。

刘作华

# FOREWORD 前言

　　随着国家对养猪生产扶持政策的实施，以一家一户为主的传统养猪生产逐步向规模化、集约化、标准化方向发展。虽然养猪生产发展势头良好，品种质量显著提高，但也仍存在诸多问题，如猪场选址不科学，场内布局建设不合理，养殖条件落后，饲养管理不规范，兽药滥用，环境污染日益严重，卫生防疫制度不能落到实处，养殖档案不健全，员工素质偏低，发病率高，死亡率高，规模养猪经济效益低等。这些问题严重影响着养猪生产的健康发展，如何提高生猪养殖效率与质量，发展养猪循环经济，实现资源整合重组与农民富裕，改善农村的居住环境，是乡村振兴的重要课题。为此，我们必须探索发展对策，以提高科学养猪水平、养猪生产效率、无害化处理能力、疫病防控能力、猪群抗病能力、生猪及其产品的质量，获得最好的经济效益、社会效益和生态效益，促进养猪生产的可持续健康发展。

　　针对目前绝大多数猪场技术人员缺乏，技术力量差，与养猪规模不协调的现实情况，我们组织了长期从事养猪科研、生产、技术推广工作的专家编写了《规模化生猪养殖场生产经营全程关键技术》。本书按照规模养猪要求，对市场调研、可行性分析论证、投资决策、确定养猪规模、制订发展计划、选址建场、环境影响评价、规划设计、猪场修建、设备选购、种猪引进、饲料配制、饲养管理、环境控制、繁殖配种、疫病防治、粪污处理利用、市场销售、成本核算、人员管理等环节的热点和难点问题进行了详细介绍。

在本书编写过程中，我们参考借鉴了国内外一些养猪专家比较实用的观点，在此对他们表示诚挚的感谢；另外，我们也表达了许多生产实践中遇到的新问题、新体会和新观点。由于作者经历和水平有限，加上时间紧迫，不妥之处敬请批评指正。

编　者

2018年10月于重庆荣昌

# CONTENTS 目录

序
前言

## 第二章　猪场规划建设 ·····23

**第三章　猪的品种** ………………………………………………50

## 第六章　猪饲养管理 ················ 119

# 第一章 猪场投资决策

## 第一节 市场调研

### 1. 我国种猪市场有多大?

**(1) 种猪需求量** 2016年年末,我国能繁母猪存栏3 664万头,其中生产外三元的瘦肉型母猪(长大或大长)约占80%,即2 900多万头;若按年更新率30%计算,则每年需要优良瘦肉型父母代母猪(长大或大长二元母猪)约870万头;要满足每年870万头二元母猪的需要,若祖代扩繁母猪(大白或长白母猪)每头每年能提供6头合格纯种母猪,则需要存栏祖代母猪(大白或长白母猪)150万头。同样计算,若纯种母猪年更新率也是30%,年需求纯种母猪(大白或长白母猪)45万头。

此外,按人工授精公母比例1∶100计算,需要存栏优良瘦肉型种公猪(终端父本如杜洛克)约36万头,若公猪年更新率50%,则年需求终端父本(如杜洛克公猪)约18万头。

**(2) 种猪供应量** 就目前全国种猪市场的销售情况来看,未来十年除了国家核定的100个国家生猪核心育种场外,其他种猪场很难再销售种猪。也可以这样说,十年后,100个国家生猪核心育种场及部分有实力、有品牌的著名种猪企业将占到整个种猪市场份额的80%以上。

以外二元母猪市场来看,目前,全国能够实现年提供10万头左右的二元母猪种猪场（或企业）不到10个（均在国家生猪核心育种场名单内）。10年后，排名前100的有实力、有品牌的著名种猪企业平均规模将达到10万头，总规模将达到1 000万头，但能够做种用销售的外二元母猪只有700万头左右，还不能满足880万头（外二元母猪）的市场需求。

就父母代种猪（包括外二元母猪、土杂母猪）的市场来看，目前市场供应总量已经超饱和，但外二元母猪实际缺口仍然很大，因为有许多种猪场产品质量参差不齐，品牌影响力不高，有产品无市场（许多种猪场种猪销售比例很低，很多种猪不得不按商品育肥猪出售）。中国有3 500家左右种猪场，其中所出栏的种猪能按种猪售出60%以上的不到100家。随着规模养猪的快速发展和良种普及率的提高，未来十年每年良种猪的需求量会增长5%以上。所以，就目前良种猪市场来看，缺口很大，市场潜力巨大。

### 2. 我国猪肉市场需求有多大？消费需求有什么发展趋势？

我国是世界上最大的猪肉消费国。根据美国农业部（USDA）统计数据，2014年全球猪肉消费总量10 995.4万吨，其中中国猪肉消费量达到5 716.9万吨，占世界猪肉消费总量的一半以上，达到52%。

我国猪肉消费需求尚有进一步增长空间：

（1）人口基数保障猪肉消费需求的稳定 我国居民对猪肉消费的偏好性在很长一段时间内不会发生根本性的改变，因此巨大的人口基数可以保障未来一段时间内猪肉需求保持稳定。虽然我国人口增长速度有所放缓，但人口数量仍处于增长状态，对猪肉的需求也将保持增长状态。

（2）居民收入水平对猪肉需求的影响 居民收入水平与猪肉需求呈显著正相关。随着居民收入和生活水平的提高，对猪肉的需求也在不断提高。城镇居民可支配收入由1981年的491元增长到2012

年的24 565元，同时城镇居民家庭人均全年购买猪肉量由1981年的16.9千克增长到2012年的21.2千克。农村居民家庭平均每人纯收入由1981年的223.4元增长到2012年的7 916.6元，同时农村居民家庭平均每人猪肉消费量由1981年的8.2千克增长到2012年的14.4千克。

**（3）城市化进程将进一步提升猪肉需求**　我国当前正处于城市化快速发展阶段。根据国家统计局数据，2014年我国城市化率达到54.77%。中国城镇化率每提高1%，就意味着约1 300万人口从农村到城市，直接推进城市消费，城市化是中国扩大内需的潜力所在，城镇人口的增加将显著增加猪肉需求。

根据《全国生猪生产发展规划（2016—2020年）》的预测，人口增长、收入增加和城市化进度将拉动我国猪肉消费保持一定幅度的增长，至2020年我国猪肉消费量将比十二五末增长250万吨，生猪产业尚有一定的发展空间。

### 3. 国家对生猪产业发展有哪些政策支持？

2007年，国务院办公厅发布《关于进一步扶持生猪生产稳定市场供应的通知》，明确提出了多条扶助生猪养殖行业发展的政策。例如，对能繁母猪给予一定的财政补贴、能繁母猪保险和育肥猪保险补贴、对生猪调出大县实行奖励政策、生猪良种补贴政策、税费优惠政策、用地用电优惠政策等。与此同时，还通过鼓励构建生猪优良品种体系，推进养殖的标准化、产业化、规模化生产来促进生猪生产的快速良性发展。

### 4. 生猪市场的竞争力如何？

近年来，国内生猪养殖业竞争越来越激烈，可以说目前是产业转型的开始时刻，这场战役注定会被打响。未来我国养猪业在产业结构、风险、质量、环保等方面必须坚定不移地着重发展，打破调整产业链结构的突破口，使目前松散无序的产业结构向紧密型分工转型，解决生猪生产波动和质量安全监管难等问题。

2014年生猪养殖业经历了史上最严重的一次亏损，越来越多的散户退出养猪行业，没资金，没技术，又怕疫病和市场风险是散户的通病，养猪还不如出去打工更好，所以散户的退出是必然趋势，且不可逆转。

在经过这次行业洗牌后，无论是专业养殖者还是跨行业养殖者纷纷赶上了转型，生猪养殖规模化浪潮此起彼伏，互联网＋把猪纷纷吹到了风口之上，生猪产业链也在发生着剧变。养猪场更加趋向于规模化、标准化、资本化，规模化是猪场能赚多少钱的指标。以前是养猪门槛低，没钱人养猪，现在都是有钱人养猪，更加标准化。未来猪价会越来越趋向于稳定，不会大起大落，养猪已经没有了暴利，降低养猪成本是唯一的出路，只有规模化、标准化和资本化的猪场才能提升养猪效率，增加养猪效益。

而对于规模猪场效益的提高还面临很多问题，用工困难问题、科学的养猪技术和管理问题、饲料原料质量问题、品种改良问题以及资金紧张问题是困扰规模化猪场的五大问题，同时各个规模化猪场的竞争也是潜在的问题，规模化猪场要想做大做强，必须提高管理水平、提升指标，找专业的合作伙伴科学发展。

因此未来的猪场需要各方联合起来，共同面对困难，获得可持续的生存能力。

### 5. 我国生猪市场风险的主要特征有哪些?

生猪市场风险主要是指生猪在生产和购销过程中，由于市场行情的变化、经济政策的改变、消费需求的转移等不确定因素，使生猪利益相关者的实际收益与预期收益发生偏离的不确定性，包括市场价格风险、信用风险、滞销风险、政策变动风险等。其中，生猪市场价格风险是指由于生猪市场价格的波动，致使生产经营者预期价格与实际价格产生偏差的可能性，是生猪市场风险最主要、最直接的表现，也是引发生猪其他市场风险的主要因素。生猪市场风险有以下主要特征：

（1）**价格周期性**　生猪生产必须经过繁育母猪、产仔、育肥3个阶段才能完成1次循环，这个过程至少要用1年半到2年的时间。市场上的供求信号传播到生产环节并得到响应，需要一段时间，这种滞后性容易给生产者造成一种错觉，导致其在肥猪赚钱时拼命扩大饲养规模，购进仔猪，造成仔猪涨价，同时又会促使母猪饲养量增加，减少小母猪出栏，从而进一步减少了市场上肥猪的供给；此时，无论是母猪的饲养量还是在育肥猪的存栏量都可能已超过市场需求，但由于其供给的滞后性，还没在市场价格中反映出来，等到母猪产仔、在育肥猪可以出栏后，养殖者发现猪肉价格开始下跌，进而减少育肥猪的饲养，造成仔猪供大于求，出现仔猪跌价，大量母猪被宰杀的现象。要恢复正常的养猪生产，往往需要两三年乃至更长的时间。因此，由一轮生猪生产过剩到下一轮生猪生产不足，需要一定的周期。正是这一原因，使得生猪市场价格发生周期性波动。

（2）**消费习惯"V"字形**　我国生猪价格总体而言，一年当中一般呈两头高、中间低的趋势，即每年1~2月份猪价较高，3月份后开始下降，5~7月份处于谷底，然后缓慢回升，12月到次年2月生猪价格一般都比较高，春节前生猪价达到最高值，春节后又开始下跌。出现这种现象的原因在于，我国的猪肉消费习惯对生猪年度价格波动具有较大影响：夏天炎热，有效需求不足，猪肉消费少，生猪价格较低；而冬天寒冷，居民对猪肉需求增加；并且传统节日如春节，消费增加，拉动了生猪价格上涨。

（3）**产业关联性**　生猪产业具有一个完整的产业链条，既包括生猪饲养业，又包括粮食生产与流通业、饲料生产与流通业、兽药生产与流通业等构成的生猪上游产业，还包括生猪屠宰、加工、销售以及餐饮等下游产业。它们之间具有极强的关联性。一方面，市场风险的存在，影响生猪养殖业的收益，生猪养殖业的收益影响生猪饲养规模，生猪饲养规模影响饲料需求，饲料需求又影响粮食生产和流通行业的发展；另一方面，粮食价格影响饲料价格，饲料价格影响影响生猪的饲养成本，生猪的饲养成本影响生猪饲养业的利润，生猪饲养业的利润影响生猪的饲养规模，最终又会影响猪肉市场供给和人们生活，甚至对整个国民经济体系产生冲击，从而削弱整个社会经济的增长潜力。在生猪生产中，饲料成本占养猪成本的60%以上，而猪的饲料，需要消耗大量的玉米、大豆等粮食作物。因此，粮食产业与生猪产业的联系更为紧密，通常以肥猪与玉米的价格之比为依据来判断生猪养殖的盈利状况，超过5.5 ： 1为盈利，低于该值为亏损。

（4）**短期不可逆性** 对于工业品生产来说，由于其生产周期相对较短，当产品价格下跌时，可以通过多种途径来压缩生产，减少市场供应量；当产品价格上涨时，可以通过快速扩大生产规模和加班提高市场供应量。然而，生猪作为一种鲜活的产品，其生产还受到生物规律的制约，从繁育母猪产仔，到育肥，至少需要一年半的时间。生猪生产不能像工业品生产那样适时根据价格变动进行调整。生产决策一经确定，不管市场价格如何变化，在短期内生猪产量很难进行调整。更为特别的是，我国的生猪散养户占比例较大。生猪散养农户由于人数多、文化程度较低、信息渠道缺乏、空间距离较远等原因，再加上畜牧业信息体系本身不健全，他们搜寻信息成本太高，对市场价格的反应能力很低，对生猪的养殖完全依据上一期的价格，是一种盲目的从众行为。当市场形势看好，养猪效益较高时，就会蜂拥而上，大量建设猪舍，购进仔猪，饲养母猪；当形势严峻、养猪效益下滑时，又会一哄而散，减少养猪头数，或者干脆屠宰母猪，甚至清仓转业。因此，每一轮生猪价格波动，都会导致大量资源浪费，这种破坏性浪费带来的风险，短期内难以恢复，具有不可逆性。

## 第二节 可行性论证

### 6. 为什么兴办规模化猪场要进行可行性论证?

投资猪场和投资其他工业商贸企业一样，都是要追求投资回报，遵守价值规律。因为金钱是有时间价值的，不管是自有资金或是商业贷款，都有时间成本和企业的自然折旧。因此投资猪场和投资其他行业一样都是有风险的，为了使猪场投资决策更加正确，避免工程建设的盲目性和建设过程中不必要的浪费的发生，提高资金的经济效益，必须搞好可行性分析，争取利润最大化的同时把风险降到最低。所以，猪场可行性分析要经过反复论证，不得草率行事，切忌盲目模仿，把其他猪场缺点照抄下来，重走别人的弯路，甚至影响到猪场的存亡。

### 7. 兴办规模化猪场需要办理哪些手续?

兴办规模化猪场要遵守《中华人民共和国畜牧法》《中华人民共和国动物防疫法》《畜禽养殖污染防治条例》等法律法规的规定。明确兴办规模化猪场应注意如下事项：

（1）**办理养殖用地的申请** 养殖场兴办者应向县级国土资源管理部门办理用地备案手续或依法办理建设用地审批手续。国家禁止占用基本农田发展畜禽规模养殖，鼓励利用废弃地和荒山荒坡等未利用地。

（2）**通过环境影响评价** 环境影响评价，以下简称环评。兴办规模化生猪养殖场，建设前应由有资质的环评单位编制环境影响评价文件，获得有审批权的环境保护行政主管部门的审批；并且按照批复的环评要求，修建对生猪粪便、废水、废气和其他固体废弃物进行综合利用的沼气池等设施及其他污染防治和无害化处理设施。

（3）**办理动物防疫合格证** 猪场兴办者应向所在地县级畜牧兽医行政主管部门申领《动物防疫合格证》。

（4）**办理猪场备案登记** 猪场兴办者应当将猪场的名称、养殖地址、品种和养殖规模，向猪场所在地县级人民政府畜牧兽医行政主管部门备案，取得畜禽标识代码。

## 8. 猪场环评申请条件有哪些？

根据最新的环保法规，对养殖业做出了明确的规定：选址符合城市总体规划或者村镇建设规划，符合环境功能规划、土地利用总体规划要求；符合国家农业政策；符合清洁生产要求；排放污染物不超过国家和省规定的污染物排放标准；重点污染物符合问题控制的要求；委托有资质的单位编制项目环境影响评价文件。

## 9. 猪场环评需要提交哪些资料？

养殖户和企业为自家猪场编制环境影响评价报告书项目应包括：项目环保审批的申请报告；发改委或经信部门出具的立项备案证明；项目环境影响报告书；环境技术中心对项目出具的评估意见；基建项目需提供规划许可证、红线图；涉及水土保持的，出具水利行政主管部门意见；涉及农田保护区的项目，出具农业、国土行政主管部门的意见；涉及水生动物保护的，出具渔政主管部门意见；涉及自然保护区的，出具林业主管部门意见；环保部门要求提交的其他材料。

以上几项材料，缺一不可。

## 10. 办理猪场环评有哪些程序？

猪场环评需要提交的资料准备好了以后，就要进入实质性办理阶段了，这一环节是由当地的主管部门负责，非常关键。具体步骤有：

（1）申请单位（个人）按照项目环境影响评价等级，到县环保局环审股提交申请材料。

（2）对项目进行材料审核、现场核查。现场检查一般都会提前通知，要做好相关准备工作。

（3）经环保局专题审批会，对项目做出审批或审查意见。

以上这些如果都通过了，接下来就等着验收合格，一般情况下，期限不会超过60天。总之，养猪再也不能像以前一样，想在哪里搭建就在哪里搭建，想修多大就修多大了。对于从事养猪的朋友来说，一定要跟着政策走，环保怎么要求，就怎么做。只有做到符合规定，养猪人才能维护自己的利益。

# 第三节　猪场定位

## 11. 怎样确定猪场的规模？

肉猪饲养头数是确定生猪饲养规模的依据。根据不同的饲养头数范围，我国的生猪养殖方式分为分散养殖、小规模养殖、中等规模养殖和大规模养殖四种类型。生猪散养是指在一年内平均存栏生猪头数在30头以下（包括30头）的养殖组织形式；年出栏10 000头以上商品肉猪的为大型规模化猪场；年出栏3 000~5 000头商品肉猪的为中型规模化猪场；年出栏3 000头以下的为小型规模化猪场，现阶段农村适度规模养猪多属此类猪场。

**（1）原则**

①平衡原则：运用循环经济学的原理，以资源的高效利用为核心，坚持"均衡总量控制、高效农牧结合、科学种养平衡"的原则。

②充分利用原则：因地制宜、就地取材，充分利用当地人力、饲料原料、水电等资源。

③以销定产原则：生猪市场一是销售市场，二是加工市场。

销售市场既要着眼本地市场，又要考虑到周边城市市场；加工市场是养猪生产可靠又稳定的市场，要与加工企业建立产销合同，以销定产。综合分析两个市场的销量情况，从而确定生产规模和出栏量。

④资金保证原则：猪场占用资金的数目是庞大的，尤其是规模猪场，资金得不到保证，就无法在饲料、兽药等原料的供应上得到保证，无法实现从厂家直接进货，因此，必须保证猪场生产经营资金的需要、加速资金的周转，确保资金留有余地。

饲养规模的大小决定利润的多少。通常而言，规模越大利润越多，但在实际生产中，往往适得其反。盲目采购猪只，贪图规模而忽视市场的运作和消费者的承载力，会造成规模大、亏损大的现象。因此，在决定饲养规模时，一是要了解销售地的肉类消费水平和个人收入情况，从而对预售价格做出可靠的预测；二是要关注与畜牧业有关的农业产品价格，如玉米、大豆等，这些产品的价格高低直接影响饲料价格的波动，也是肉类价格的晴雨表。

（2）依据

①市场：市场对猪肉品质的要求，是确定饲养品种的主要依据；市场需求量和销售渠道是影响猪场效益和规模的主要因素。

②预期生产目标：预期生产目标关系到猪场盈亏，可判断管理者的能力和水平。预期生产目标与猪群和后备种猪群的健康状况、种猪的遗传特性、设施和建筑物、营养方案、母猪的适应性、生产量、饲喂技术和生物安全有直接关系。

（3）饲养规模的测算方法

①线性规划法：线性规划法是将投资目的和约束条件模拟成线性函数模型，求得在一定约束条件下目标函数值最大或最小化（即最优解）的一种方法。本方法适用范围很广，所有可以模拟成线性模型的投资都可以采用，不仅可以用于投资项目的选择，也可用于投资项目完成情况的评价。此模型比较复杂，具备条件的企业可以开发专门的规划求解软件，也可以直接采用Excel表中的规划求解

功能。运用线性规划法确定最佳规模和经营方向时，必须掌握以下资料：一是几种有限资源的供应量；二是利用有限资源能够从事的生产项目；三是某一生产方向的单位产品所要消耗的各种资源数量；四是单位产品的价格、成本及收益。

②盈亏平衡分析法：盈亏平衡分析法是指根据项目运营过程中的产销量、成本和利润三者之间的关系，测算出项目生产规模的盈亏平衡点，并据此进行项目生产规模决策的一种定量分析方法。项目生产的保本规模、盈利规模、最佳规模均可以采用这种方法确定。

**（4）饲养规模的确定** 我们提倡规模养猪，但规模养猪的发展受多种因素包括经济、技术、管理、市场等的制约，因而规模既不宜过小，也不是越大越好，而是要建立一种适度规模养猪，以求用合理的投入产生较好的经济效益。养猪场（户）要根据自身实力（如财力、技术水平、管理水平）、饲料来源、市场行情、产品销路以及卫生防疫等条件，结合猪的头均效益和总体效益来综合考虑养猪规模的大小。所谓养猪生产的适度规模，是指在一定的社会条件下，养猪生产者结合自身的经济实力、生产条件和技术水平，充分利用自身的各种优势，把各种潜能充分发挥出来，以取得最好经济效益的规模。由此可见，任何一个养猪场（户）在确定养猪规模的时候，都要把经济效益放在首要位置进行考虑。养猪规模太小不行，也非越大越好，要以适度为宜。养猪规模过大，资金投入相对较大，饲料供应、猪粪尿处理的难度增大，而且市场风险也增大。一般农村养猪专业户发展规模养猪，条件较好的以年出栏育肥猪500~1 000头的规模为宜，条件一般的以年出栏育肥猪200~500头的规模为宜。这样的养猪规模，在劳动力方面，饲养户可利用自家劳动力，不会因为增加劳动力成本而提高养猪成本；在饲料方面，可以自己批量购买饲料原料、自己配制饲料，从而节约饲料成本；在饲养管理方面，饲养户可以通过参加短期培训班或自学各种养猪知识，方便、灵活地采用科学化的饲养管理模式，从而提高养猪水平，缩短饲养周期，提高养猪的总体效益。

如果想大投入办大型规模化养猪场，应以年出栏育肥猪 1 万头的规模为宜。在目前社会化服务体系不十分完善的情况下，这样的养猪规模可使养猪生产中可能出现的资金缺乏、饲料供应、饲养管理、疫病防治、产品销售、粪尿处理等问题相对容易解决些。

总之，无论是农户还是企业要发展规模养猪，一定要从实际出发，确定适合自己的养猪规模。发展初期最好因地制宜、因陋就简，采取"滚雪球"的方法，由小到大逐步发展。

## 12. 怎样确定猪场的产品方案？

**（1）生产育肥猪** 是指养猪户到仔猪专业市场或专业生产仔猪的猪场购买断奶后的仔猪进行育肥，直到 120 千克左右出栏销售。

①主要优点：经营方式简单，易于起步，而且可根据市场行情的波动，随时调整饲养规模；猪舍结构、设备要求较简单；饲养周期短，资金周转快；固定资金投入少，栏舍周转快；饲养技术相对简单，容易掌握。

②主要缺点：仔猪供应不稳定，很难买到品种、质量、规格较一致的仔猪；对仔猪疫病和免疫情况不能自主调控，易将疫病引入；流动资金投入较多；易受市场波动的冲击，收益随仔猪和大猪的市场价格变化而变化。

**（2）生产商品仔猪** 是指养猪户饲养母猪、生产仔猪，待仔猪断奶后饲养到一定体重后销售给育肥猪饲养户。

①主要优点：流动资金投入较少；开始周转慢，一旦种猪投入正常生产之后，资金周转就较快；每头猪的采食和排泄量都较少，每天投入喂料和清粪的劳动力相对较少；种猪群一旦固定，就很少到场外购猪，从外界引入疫病的几率减少，因而能保证猪场良好的健康状态。

②主要缺点：固定资金投入较高。不但要建造怀孕母猪舍，哺乳母猪舍和仔猪保育舍，还要花较多的资金购买种猪；猪舍结

构要求高，特别是产房和保育舍，不但需要较科学的猪舍结构，还要有防暑降温、防寒保暖及通风等设备；收益因仔猪市场价格不同而变化；每头猪的利润较小；种猪饲养和仔猪培育都有较高的技术要求。

（3）**生产种猪** 一种全程饲养类型，其目的是生产种猪并出售给其他的养猪者。饲养的种猪既可以是纯种，也可以是杂交的。这是一种非常专业化的饲养类型，特别是饲养者在育种技术、种猪系谱和品系发展等方面需要有较高的专业知识。

①主要优点：利润较高；具有全程饲养的所有优点；引入疫病风险较小。

②主要缺点：要投入更多的时间和精力来清理系谱和测定性能；增加选种、育种方面的时间和费用；种猪销售成本高；饲养管理技术要求较高，需要专业技术人员。

从以上比较可以看出，养猪者选择哪种产品方案进行生产，取决于自身的心理素质、市场意识、抗风险能力、专业技能、从事此项工作的能力和管理水平、可用资金数量、猪舍和劳动力等诸多因素。如果猪舍使用期较短，或养猪是临时行为，或能较好把握市场行情的，可选择第1种养猪方案，如能保证获得优良的仔猪，那么，育肥猪饲养很可能是养猪业中最有利可图的一种类型；如果饲养者的专业知识和技术优势倾向于饲养母猪和仔猪，但流动资金不足时，可选择第2种养猪方案，但饲养仔猪的经济收益较微薄，还易受到市场行情变化的冲击，因此，生产和销售仔猪不是一种很好的养猪类型，除非母猪是母性好、产仔数多、耐粗饲的地方品种，且青粗饲料资源丰富；如果具有育种技术，有较强的市场意识，有较大的销售网络，第3种方案是获利最丰厚的一种。

## 13. 怎样定位猪场的生产工艺？

猪场工艺流程的设计，既要考虑必须使各生产阶段有计划、有节奏地流水线进行，还要考虑到自己的销售渠道和销售批量。在出售商品猪时，要保持群体整齐度，个体间体重相差最好不要超过10千克，依此来设计，过去通常以1周为一个生产周期，现在流行三周或四周批次生产。每位工作人员都很清楚某一天该干什么，原材料的来源渠道也应基本恒定，出售猪的日期也基本保持不变，利于建立自己的固定客户，保证销售渠道畅通。

小规模猪场（年出栏3 000头以下）：一般采用两阶段肥育法的工艺流程，所需要建的猪舍有种公猪舍、空怀妊娠母猪舍、分娩舍和肥育舍。它的优点是不需要过多的转群，生产管理简单，在随时发情随时配种的情况下，节约建筑面积，减少集中配种给公猪带来的负担，商品猪转群次数少，特别是减少了分群和合群，使应激和争斗的机会减少，有利于猪的快速生长；缺点是母猪分娩日期比较分散，不易批量生产和外调，同时给接产和档案记录整理带来麻烦，往往会使管理人员忽视换料而造成饲料浪费，转群的次数少，也使猪感染寄生虫的机会增加。

中型猪场（年出栏3 000~5 000头）：多采用三阶段肥育法的工艺流程，所需要建的猪舍有种公猪舍、空怀妊娠母猪舍、分娩舍、保育舍和肥育舍。它的优点是各阶段猪栏都能得到有效利用，也节约了不少建筑面积，配合猪的转群，容易做到在固定的时间进行防疫、驱虫和更换饲料，不会使疫苗漏打或早打，也避免了在同一猪舍使用两种或更多种类饲料的麻烦，同时也避免了投错饲料而影响猪的生长或浪费优质小猪饲料。

大型猪场（年出栏10 000头以上）：也可采用四阶段肥育法的工艺流程，所需要建的猪舍有种公猪舍、空怀妊娠母猪舍、分娩舍、保育舍、育成舍和肥育舍。它的优点除了具有三阶段肥育法的优点以外，更能节约建筑面积，随着第二次和第三次转群，做好驱虫工作，并清理消毒猪圈，使寄生虫造成的损失大为降低，在每阶段当中只用一种饲料，避免了分发饲料上的人为失误；缺点是商品猪转群次数更多，增加了分群和合群次数，不仅使劳动量增加，而且使猪应激和争斗的机会大大增加，不利于猪的生长发育。

### 14. 怎样选择猪场的饲养品种?

无论是何种类型的猪场，首先应考虑选择养什么品种猪的问题。我国猪种资源十分丰富，地方品种猪的共同优点是适应性强、肉质好、会带仔；缺点是生长及增重较慢、脂肪多、饲料利用率较低。引入的国外良种猪有长白猪、约克夏猪、杜洛克猪、皮特兰猪等，这些引进种猪的共同优点是生长快、饲料利用率高、瘦肉率高等；缺点是适应力较差、对饲料及环境条件要求高、猪肉品质较差等。

猪是经济型动物，猪场无论是选择纯种地方品种或纯种引进品种规模生产肉猪，其效果都不是最佳的。最理想的途径是充分利用生物杂交优势原理，研究选择最优秀的不同品种的父本、母本杂交后代，即最优良的杂交组合猪应用于生产。该杂交组合是应用遗传学基本原理，经过若干次杂交组合实验，筛选获得的最佳组合，并在生产中扩大实验取得稳定的优良效果，经有关部门批准才能在生产上大面积推广。在不同地区，由于市场需求与农业生产条件不同，所推广应用的杂交组合存在差异，所以切忌道听途说，盲目引种杂交。

国内经过多年的研究与实践，一般规模化猪场多采用长白猪与约克夏猪杂交产生二元杂种母猪，然后用杜洛克猪做终端父本，生产三元杂交组合肉猪育肥。此三元杂交组合猪的杂种优势显著，具备生命力强、生长快、饲料利用率高、瘦肉多的优点，很受市场欢迎。

此外，国外一些大型种猪公司，如PIC、托佩克、海波尔等公司，在我国建设种猪场，推广该公司独具知识产权的配套系组合种猪。这些配套系猪在较好的饲养管理条件下，可获得较佳的生产效率。其缺点是因知识产权保护，种猪购买受到约束，如父母代猪场的种源，必须购买该公司祖代场的种猪，否则生产效果会下降。

近些年市场对猪的肉质及品味要求有所提高，国内采用优良地方品种与外种猪杂交，筛选生产优质肉猪的杂交组合，取得重大成果，并应用于生产，受到消费者欢迎，如川藏黑猪，北京黑猪等。这些含本地猪血缘的杂交组合，猪肉品质有所提高，但饲养周期及单位增重耗料有所增加，成本及猪肉价格有所提高。

了解以上杂交组合的优缺点后，可根据市场需求选择养什么品种组合的猪。

## 15. 怎样确定猪场的保温方案?

冬季气温下降明显，在冷刺激的影响下，猪极易患病，影响正常生长。如果能采取正确可行的方法，科学防寒增温，不但可以促进猪健康育肥，还能减少各种呼吸道和肠道疾病的发生，使养猪户增收。下面介绍以下几种常见的保温方法：

（1）**修缮猪舍**　猪舍选址应在地势高、干燥、向阳之处，要关闭北、西、东三面的窗洞，及时检修屋顶及四壁的缝隙。猪舍的窗户和通风孔应距离地面1~1.5米，并能调整孔洞大小，以保持舍温相对稳定。

（2）**防风措施**　悬挂挡风帘，以防止风侵袭猪舍。

（3）**增加饲养密度**　将分散饲养的猪合群饲养，舍内养猪头数可比夏季增加30%~50%，利用猪之间的体温取暖可提高舍温。注意猪舍进新猪时应在天黑时进行，用酒或低浓度的来苏儿水喷洒猪身后再进行合群，同时饲养员需要观察几小时，以防猪打架。也可以选择晴暖天把猪赶到外面晒太阳，加强运动，提高猪对寒冷天气的抵抗力。

（4）**增加保温设备**　保温的设备很多，常用的有地暖、保温灯、电热板等，哺乳仔猪通常采用局部保温，保育仔猪最好采取整体保温。

## 16. 怎样确定猪场的降温方案?

首先从猪舍建设构造来看，较好的构造对防暑降温有比较好的效果。

（1）**猪舍密封性** 猪舍的密封性好有助于防暑降温。夏天天气炎热，一般舍外温度达到35℃左右或更高，要想猪舍温度保持比舍外温度低，首先应尽量减少舍外热空气进入猪舍内，这就必须尽量确保猪舍的密封性，同时必须通过抽风机把舍内猪产生的热量排出舍外，进风口所进的空气要通过水帘降温，这样才能达到降温效果（一般比其他构造猪舍低3~4℃）。密封性一般或不好的猪舍，热空气很容易进入猪舍导致猪舍内温度与舍外温度相差不大，防暑降温效果较差，所以我们建猪舍时，应当考虑、选择密封性好（对防寒保暖效果也较好）的建筑结构。

（2）**设施设备** 防暑降温设备有喷雾系统、风机、牛角风扇、吊扇、水帘、空调等，这些防暑降温设备各有各的优点，一般这几种配在一起使用，效果更好，如水帘、风机、风扇，喷雾系统、风扇、吊扇等。但防暑降温效果看，水帘、风机一起搭配效果更好一些。

（3）**舍外环境** 配套辅助方面有猪舍外种树，拉防晒网，猪舍内吊天花板等，可有效地减少太阳光直接辐射到猪舍上或里面，从而有效地降低猪舍内温度，一般可以降低2℃左右。

总的来看，密封性好的猪舍，搭配风机、水帘，加上猪舍外有树、拉有遮阳网，则防暑降温会更好。更重要的是，各位员工要认真按照防暑降温方案，真正把各项细化操作落实到位，确保防暑降温工作行之有效。

## 17. 怎样确定猪场的通风换气方案?

猪舍通风换气是控制猪舍环境的一个重要手段。通风换气的目的有两个：一是在气温高的情况下，通过加大气流使猪感到舒适，以缓和高温对猪的不良影响；二是猪舍封闭的情况下，引进舍外新鲜空气，排出舍内污浊空气和湿气，以改善猪舍的空气环境，并减少猪舍内空气中的微生物数量。

通风分为自然通风和机械通风两种。自然通风不需要专门设备，不需动力、能源，而且管理简便，所以在实际生产中，开放舍和半开放舍以自然通风为主，在夏季炎热时辅以机械通风。在密闭猪舍中，以机械通风为主。

（1）**寒冷情况下猪舍的自然通风**　进气—排气管道是由垂直设在屋脊两侧的排出管和水平设在纵墙上部的进气管组成。排气管下端从天棚开始，上端伸出屋脊0.5~0.7米，位置在猪舍粪水沟上方，沿屋脊两侧交错垂直安装在屋顶上，有利于排除舍内的舍热、有害气体。管内设调节板，以控制风量。排气管断面为正方形，一般大小为（50~70）厘米×70厘米，两个排气管的距离为8~12厘米。

为了能够充分利用风压和热压来加强通风效果，防止雨雪从排气管进入舍内，在排气管上端应设置风帽，其形式有伞形、百叶窗式等。

进气管一般距天棚40~50厘米，舍外端应安装调节板，以便将气流挡向上方，防止冷空气直接吹到猪体，并用以调节进口大小、控制风量，在必要时关闭。进气管之间的距离为2~4米，在特别寒冷的地区，冬季受风一侧的墙壁应少设进气管。

在冬季，自然通风排出污染空气主要靠热压。在不采暖的情况下，舍内舍热有限，故只适于冬季舍外气温不低于−14℃的地区。因此，要保证在更加寒冷的地区有效进行自然通风，必须做到猪舍的隔热性能良好，必要时补充供热，特别是产仔舍。

（2）**炎热情况下猪舍的通风**　夏天舍外气温常高达35~38℃，甚至更高，故对流散热极为困难，由于周围环境（猪舍的墙壁、地面、舍内设备等）的表面温度与气温接近，因而通过皮肤散热也不可行；由于空气湿度保持在70%~95%，蒸发散热也很难，因此，在这种炎热的情况下，做好自然通风有很重要的作用。自然通风主要依赖对流通风，即穿堂风。为保证猪舍顺利通风，必须从场地选择、猪舍布局和方向，以及猪舍设计方面加以充分考虑。

首先，猪舍布局必须为通风创造条件。要充分利用有利的地形、地势，猪舍与其他建筑物之间要有足够的通风距离，互不影响通风，要选良好的风向，一般以南向稍偏东或偏西为好。因为在我国南方炎热地区，夏季的主导风多为南风或东南风，同时这个朝向可以避免强烈的太阳辐射。

对流通风时，通风面积越大，猪舍跨度越小，则穿堂风越大。据实际测量，9米跨度时，几乎全部是穿堂风；而当27米跨度时，穿堂风大约只有一半，其余一半由天窗排出。由于通风面积与通风量成正比，所以在南方夏季炎热地区采用开放式猪舍有利于通风。但是在大多数地区，由于夏热冬冷，故而夏季降温防暑和冬季保温必须兼顾。全开放式猪舍对气候的适应性很小，夏季有大量太阳辐射热侵入，而到冬季又不易保温，故不宜采用。而组装式猪舍，冬天可以装成严密的保温舍，夏天又可以卸下一部分构件，形成通风良好的开放式猪舍，有较大的实用价值。猪舍进气口和出气口的位置对通风有很大影响，进气口和出气口之间距离越大，越有利于通风，所以进气口设置越低越好，南方一些地方设地脚窗，就是这个道理。而出气口越高越好，可设在房脊上，如此设置可以加大热压，这在天气炎热情况下有利于通风。

进气口设在低处，而且要设在迎风口，均匀布置，这样既有利于通风，又可以直接在猪体周围形成凉爽舒适的气流。排气口要设在高处，但一定要设在背风面，这样才能抵消风压对热压的干扰。尽管排气口设在高处有利，但若要设在墙上，会受风压的干扰，所以要设在屋顶，即采取设置通风屋脊或天窗的办法，就可以抵消或者缓和风压的干扰。因为排气口设在屋顶上，并高出屋顶50~70厘米，不仅不受风雨的影响，而且经常处在负压状态，既利于通风，又利于将积聚在屋顶下方的热气及时带走。排气口对着进气口（即气流方向）或加大排气口面积都有利于加大舍内气流速度。

## 18. 目前猪场粪污处理的主要模式及优缺点有哪些?

（1）**"种养结合"模式** 种养结合，顾名思义，就是种植业和养殖业相结合的生态农业模式，与传统种植业和养殖业分离的模式相比，不仅养殖业污水、污粪排放问题得到解决，还可以再利用于种植业，一举两得。那么，要种什么，养什么呢？其实，种啥、养啥都要因地制宜、适应当地土壤、适应当地气候的品种！资源利用合理化、最大限度的优势互补！豆科和禾本科植物，中草药、果木类，这些都是不错的选择。至于养殖什么品种才能跟种植匹配上，自己要琢磨好，研究透，最主要是两者完美结合。猪场实施"种养结合"包括"六个工程子项"：雨污分流、固液分离、废水沼气化处理、粪便固废垃圾发酵有机肥、沼气利用、沼液贮存及管网化生态还田。工程重点是完善雨污分流、沼液贮存及管网化生态还田措施。

①主要优点：建设费和运管费低、运管简便。削减单位化学需氧量（COD）的建设投入是城市污水处理厂的30%~50%，可以实现全部还田利用，有机肥替代化肥改良土壤、降低农田地表径流污染。

②主要缺点：需要耕地数量大，协调耕地难度较大（一般由养殖场所在地政府帮助协调或养殖场与周边农民签订耕地灌溉协议）；如果沼液还田管网维护不到位或还田耕地不足，易造成部分沼液直排环境；激素、抗生素类药物和饲料中重金属（主要是铜、锌等）添加物在沼液还田区域土壤富集。

（2）"零排放"模式 养猪场采用木屑、谷壳、米糠内所含的微生物可将生猪排出的粪尿作为自身活动的养料加以吸收、利用、转化，日常只需要对猪舍垫料进行常规管理，免冲水，免清扫，零排放；经过1~3年的微生物转化利用，生物垫料可作为有机肥，还田用于种果、种菜等。"零排放"养殖模式需完善畜禽废弃物贮存设施或场所，并做到防雨、防渗、防溢。

①主要优点：畜禽粪污通过生物垫床中的菌种分解，可以有效控制恶臭、无外排废水、劳动强度低，废生物垫床可作为有机肥。

②主要缺点：圈舍建设成本增加，且生物垫床底部一般未作

防渗处理，可能污染地下水，养殖技术和防疫要求高，生物垫床菌群培养难度大，饮水中的生物菌对商品肉质和对环境的影响尚不明确，环保部正在逐步限制。南方气候潮湿，蒸发效果差，故农业部门在南方不推广此技术。

（3）**达标排放模式** 对猪场配套相应的固液分离、沼气池、曝气池、储粪池、储液池等设备，通过对猪场的污水进行一系列处理，结合标准的水质监测手段，最终实现污水达标排放。达标模式需完成畜禽养殖场雨污分流、污水深度处理、固废处理，以及达标废水的贮存、还田管网系统等各工程单元建设内容。

主要适用于在养殖适养区内、选址不当、基本上没有还田条件的老养殖场。对此类老养殖场，最好是限期搬迁；若短时间没法关闭或搬迁，可采用达标排放模式作为过渡性措施，执行污水综合排放标准。

主要缺点：工艺流程长，工程投资高、运行费高、管理要求高。

## 19. 猪场病死猪处理措施有哪些?

（1）必须坚持"五不"处理原则：不宰杀、不贩运、不买卖、不丢弃、不食用，进行彻底的无害化处理。

（2）母猪产后胎衣及所产死胎，经兽医确认后，饲养员放到指定位置，由专门人员一天三次用专用车辆拉到集中处理处，用高温煮热处理法煮沸2~3小时。

（3）病死猪由兽医经临床确诊后，对一般性如打架死亡的猪用高温煮热处理法煮沸2~3小时。

（4）对确诊由疾病原因死亡的猪和死因不明的猪，根据临床表现做焚烧，深埋等无害化方法处理病死猪。

（5）掩埋地应设立明显的标志，当土开裂或下陷时，应及时填土，防止液体渗漏和野犬刨出尸体。

（6）当发生重大动物疫情时，除对病死动物进行无害化处理外，还应根据动物防疫主管部门的决定，对同群或染疫的动物进行扑杀，并进行无害化处理。

（7）无害化处理完后，必须彻底对其圈舍、用具、道路等进行消毒，防止病原传播。

（8）在无害化处理过程中及疫病流行期间要注意个人防护，防止人畜共患病传染给人。

# 第二章　猪场规划建设

## 第一节　猪场的规模及性质

### 20. 猪场怎样分类?

随着生猪养殖的专业化发展,猪场的分类方式越来越多,并没有统一的标准。根据提供的产品形式可将猪场分为专业育肥场、断奶仔猪销售场、自繁自养场、种猪场、种公猪供精场等。根据封闭程度可分为开放式猪场、半封闭式猪场和封闭式猪场。

(1)**专业育肥猪场**　针对性地进行育肥猪的养殖的模式,承接生产和销售断奶仔猪场下一阶段的生产任务,将断奶仔猪进行培育养殖到90~110千克时出售。

(2)**断奶仔猪销售场**　该类型的养殖场主要为专业育肥猪场或者散户提供断奶仔猪,具有流动资金投入较少且周转快的优点。

(3)**自繁自养场**　这类猪场从事种猪生产、仔猪培育、肉猪育肥直到出栏销售的整个生产、经营、管理过程,是专业育肥猪场和断奶仔猪销售猪场的复合体。

(4)**种猪场**　一种全阶段饲养类型猪场,其主要任务是繁育种猪,按照性质和任务可分为原种场、祖代场、父母代场、商品代场。为了保障能够为商品场提供优质种猪,种猪场需要研究适宜的饲养管理方法和先进的繁育技术,从而在能够保持自身种猪的需求和生产需要的同时,满足商品场对种猪的需求。

（5）**种公猪供精场** 猪人工授精是一种品种改良的快捷技术，具有提高良种利用率、减少疾病传播以及提高生产安全性的优点。种公猪场的建设有力地推动了我国"生猪良种补贴项目"的顺利实施，为母猪提供了优良精液。

## 21. 猪场规模怎样界定？

猪场规模类别的划分方式较多，本书按照以下方式划分（表2-1）。

表2-1 规模猪场类别的划分方式

| 规模 | 类别 | 数量 | | |
| --- | --- | --- | --- | --- |
| | | 基础母猪（头） | 商品猪（头/年） | 仔猪（头/年） |
| 大型 | 自繁自养 | >3 000 | >50 000 | — |
| | 育肥猪场 | 0 | >50 000 | — |
| | 繁育仔猪型 | 1 001~3 000 | — | 10 000~50 000 |
| 中型 | 自繁自养 | 101~1 000 | 1 601~10 000 | — |
| | 育肥猪场 | 0 | 1 601~10 000 | — |
| | 繁育仔猪型 | 101~1 000 | — | 1 601~10 000 |
| 小型 | 自繁自养 | 11~100 | 161~1 600 | — |
| | 育肥猪场 | 0 | 161~1 600 | — |
| | 繁育仔猪型 | 11~100 | — | 161~1 600 |
| 散户 | 自繁自养 | 1~10 | 1~160 | — |
| | 育肥猪场 | 0 | 1~160 | — |
| | 繁育仔猪型 | 1~10 | — | 1~160 |

## 22. 影响饲养规模的因素有哪些？

（1）**国家政策** 包括产业政策、投资政策、技术政策等，对生产规模具有鼓励或限制作用。

（2）**生产力水平** 在生产水平较低、社会分工不发达、服务体系不健全、流通渠道不畅通等情况下，生产规模不宜过大。

（3）**管理人员水平和技术人员素质**　管理人员的素质、技术人员和饲养人员对养殖技术的掌握程度，直接关系到猪群生产性能的发挥。

（4）**资金、原材料、能源及自然资源条件**　养猪企业在征地、设施、饲料、粪污处理等方面需要大量资金投入，养殖规模应适度且留有余地。自然资源的丰富度能够制约饲养规模。

（5）**疾病风险**　为减少疾病风险，饲养规模适度即可，二点式猪场饲养1万~2万头；三点式猪场饲养2万~3万头较合适。二点式、三点式猪场见本书53问猪场的布局方式说明。

（6）**生态保护**　生态环境的保护和改善，对饲养规模也有很大影响。

（7）**环境消纳能力**　环境消纳能力对于猪场粪污的无害化处理和能否允许运营起着重要作用。

## 23. 常规猪群的饲养方式有哪些？

（1）**放牧**　放牧是指在牧工控制下，在草场采食牧草和运动的饲养方式，是我国牧区饲养牲畜的一种基本方式，一般分为自然放牧和轮牧两种。

（2）**舍饲**　舍饲主要作为放牧补饲及规模化猪场采用，能够人为地控制养殖环境。

（3）**半舍饲**　是舍饲与放牧相结合的一种形式。

## 24. 猪场常用工艺参数有哪些？

猪场实际生产过程中需要根据猪的年龄、类别等划分为不同的类群，猪场的猪舍则根据猪群类别来确定内部构造、设备选型等。猪的种群可划分为种公猪、种母猪（空怀母猪、妊娠母猪、哺乳母猪）、哺乳仔猪、育成猪、育肥猪和后备种猪等，工艺设计需要根据猪场性质、品种、养殖人员的综合素质及技术、管理水平，机械化程度，市场需求和气候条件等因素综合考虑，提出恰当的工艺参数。猪场常用22个工艺参数可参考表2-2。

**表2-2　猪场常用工艺参数**

| 序号 | 指标 | 参数 | 序号 | 指标 | 参数 |
|------|------|------|------|------|------|
| 1 | 妊娠期（d） | 114 | 12 | 育肥天数（d） | 100~110 |
| 2 | 哺乳期（d） | 21~35 | 13 | 育肥猪成活率（%） | 98 |
| 3 | 断奶至发情期（d） | 7~10 | 14 | 公母比例（本交） | 1∶25 |
| 4 | 情期受胎率（%） | 85 | 15 | 公母比例（人工授精） | 1∶100~200 |
| 5 | 妊娠母猪分娩率（%） | 85~95 | 16 | 种公猪利用年限（年） | 2~4 |
| 6 | 经产母猪年产胎数（胎） | 2.1~2.4 | 17 | 种母猪更新率（%） | 25 |
| 7 | 经产母猪窝产活仔数（头） | 8~12 | 18 | 后备母猪选留率（%） | 33~25 |
| 8 | 仔猪哺乳天数（d） | 21~35 | 19 | 后备公猪选留率（%） | 50~25 |
| 9 | 哺乳猪成活率（%） | 90 | 20 | 转群节律（d） | 7 |
| 10 | 保育天数（d） | 35 | 21 | 妊娠猪提前进产房天数（d） | 7 |
| 11 | 保育猪成活率（%） | 95 | 22 | 转群后空圈消毒天数（d） | 7 |

# 第二节　场址的选择

## 25. 猪场选址应遵守的原则有哪些?

　　场地选择要考虑的因素并不表示各个方面都必须满足，而是综合考虑各种因素，选取对生产、管理和防疫有利的场地，并且充分考虑工人的生活和生产安全。选取场地需要扬长避短，对有利的条件充分利用，对不利的条件则加以改造。选取场地时可遵守以下原则：

（1）符合国家和地方政府的建设规划及相关法律法规。

（2）避开旅游区、自然保护区、文物保护区、水源保护区、畜禽疫病多发区和"三废"污染源，远离城镇、厂矿、医院、交通要道等。

（3）选址在居民区常年主导风向的下风向。

（4）靠近原料供应区和产品销售区，要求交通便利，资源供应充足。

（5）注意区域性小气候，避开自然灾害区，趋利避害。

（6）有足够的土地消纳猪场连续产生的、聚量化的粪污。

## 26. 从猪场粪污处理角度考虑有哪些因素影响猪场选址？

规模化猪场的粪污产生量大而集中，部分业主观念跟不上养猪模式改变的步伐，导致猪场粪污直接影响到猪场的运营。选址过程中作为养殖场往往只注重养殖区域的选择，忽视周边是否有充足的土地消纳粪污。猪场选址需考虑清粪工艺、粪污的资源化利用和种养一体化，尽量选取周边具有足够农田、林地、鱼塘等场地，特别是预留充足的存储用地，避免季节性用肥带来的环境压力。充足的土地一方面可以提高养殖场的综合效益，另一方面能够起到保护环境的目的。选址过程中要求养殖区域地势高燥、排水良好，粪污处理区则需要有低洼地且处于常年主导风向的下风向，场地面积需要根据养殖规模和后期发展规模共同确定，一次性满足投产和发展需求。

## 27. 场址选取过程中应注意哪些社会条件？

（1）**交通条件** 饲料、产品、废弃物等的运输是规模化猪场面临的繁重任务。猪场选址过程中，需选择交通相对便利的区域，但为了保证猪场的生物安全需要，又需尽量远离居民区。根据生物安全需求和生产需求，猪场需距离交通主干道不少于1 000米，一般公路不少于500米。

（2）**能源供应** 规模化猪场必须有良好的电、气等能源供应及良好的通讯，猪场2~5千米内应有380伏以上的高压电源。如果当地的电网不稳定，规模化猪场需要自己配备发电机组，特别是封闭式猪场，必须单独配备，以免夏季用电高峰期猪场不能得到足够的电力来完成通风降温，导致猪因体温过高而死亡。

（3）**水源及水质** 水是生产的必需品，猪场的水源必须充足，地表水、地下水和自来水都可作为规模化猪场的水源。人饮用水必须满足《生活饮用水卫生标准》（GB 5749—2006），猪的饮水水质要符合《无公害食品—畜禽饮用水水质》（NY 5027—2001），饮用水要求无色透明、无异味，大肠杆菌数<10个/L，pH7.0~8.5，硬度10~20。水质不达标时，需进行净化消毒处理之后才可饮用。

（4）**生物安全** 选建用地尽量远离居民区，并且要遵守NY/T682—2003对于新建场址生物安全方面的要求，避开地方病和疫情区。

## 28. 影响猪场选址的其他因素有哪些?

广义的环境因素包括气候环境及生态环境两个方面。气候环境因素主要涵盖猪舍内部的温度、湿度等；生态环境因素则包括猪舍卫生条件、有害气体及尘埃浓度、饲养密度、饲养方式、有害生物隔离措施、猪舍外周的环境（猪舍周围的粪便污染、植被、地势）等因素。影响猪场选址的其他因素包括：

（1）**光照** 良好的光照环境可以促进猪的新陈代谢，提高免疫力和抗病力，促进性机能发育。光照是猪正常生长发育的首要条件，其取决于科学合理的猪舍硬件设施和猪舍环境的人工控制。自然光照的光周期为24小时，分明期和暗期，自然光照达不到要求时需要进行人工补光。

（2）**地下水位** 地下水是影响地质工程稳定性的重要条件。选址时，场地地下水的水位要不低于2米，否则会增加建筑施工过程的难度，导致施工成本增加。地下水是地质灾害的一个重要诱发因素，70%~80%的自然地质灾害的形成与地下水有关。

# 第三节　生产工艺设计

## 29. 生产工艺设计应遵循哪些原则？

（1）**流水作业**　生产按配种、妊娠、产仔、断奶、保育、育肥等环节顺序而连，形成连续运转的生产线，流水作业，各环节有机地联系起来且分工清楚，整体按照固定周期、连续均衡地进行规格化生产。

（2）**全进全出**　根据猪的饲养期将各阶段以"周"划分，采取"全进全出"的饲养方式，降低接触传播性、多发性疾病的交叉传染机会。

（3）**减少应激**　根据生产饲养流程，在有序生产和有效防疫的前提下考虑更少次数转群，节约人力成本和减少应激作用。

（4）**自动通风**　根据环境温度自动调节通风量及通风形式，高效能、精确地控制舍内小气候，有效地防控多发疾病。

（5）**自动喂料**　采用自动饲喂系统，降低了劳动强度和饲喂成本，减少人猪接触机会，降低了共患疾病的几率，能够提高防疫水平。

（6）**人工配种**　采用人工授精技术，可提高出生猪种群品质，有效地控制疫病传播，减少人力成本投入，提高经济效益。

（7）**合理断奶**　采用先进的饲养方式合理安排断奶时间（可采用28天），提高母猪繁殖效率，提高产房利用率，降低生产成本。

## 30. 生产工艺设计中的生产阶段怎样划分？

根据猪种群的不同，合理划分生产阶段，采用工业流水生产线的方式，实现全进全出，采取不同的饲料和不同的饲养管理方法，利用现代的科学技术和设备，使猪群的生产效率、猪舍及饲料利用率和猪场的劳动生产效率得以提高。猪的种群可划分为种公猪、种母猪（空怀、妊娠、哺乳）、哺乳仔猪、育成猪、育肥猪、后备种猪等，见图2-1。

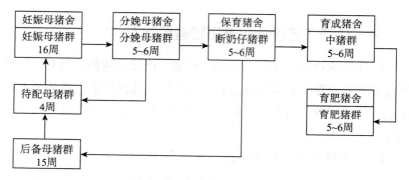

图2-1　工厂化养猪生产工艺流程图

## 31. 如何选择猪场清粪工艺？

猪场的清粪方式需要根据猪场的实际情况及周边的社会环境因地制宜地确定，猪场常见的清粪方式有水冲粪、尿泡粪、干清粪、微生物发酵法、机械清粪等。

（1）**水冲粪**　水冲粪分自动冲洗和手动冲洗两种。手动冲洗由工人定时放水将粪尿和漏缝地板的粪尿冲洗干净；自动冲洗则是在猪舍任一端或者两端设置2立方米的水箱，系统定时放水冲洗粪沟。水冲粪具有及时有效、劳动强度小、效率高的特点，适于劳动力匮乏区，但耗水量大且基建投资高、动力消耗很高。冲洗污水的化学需氧量（COD）可达11 000~13 000毫克/升，五日生化需氧量（$BOD_5$）和悬浮物（SS）分别可达5 000~6 000毫克/升和17 000~20 000毫克/升。固液分离后固体物养分含量低，肥料价值低，污水的浓度仍然很高。

（2）**尿泡粪** 尿泡粪分深池式和浅池式两类。深池式夏季一般浸泡1~2个月，冬季浸泡2~3个月。美国一般45~60天处理一次。尿泡粪的用水量极小，只需首次在粪池底部放入20~30厘米深的水，相比水冲粪可以节省70%的用水量。尿泡粪工艺解决了水冲粪、传统尿泡粪耗水量大的问题，也解决了干清粪劳动效率低、强度大的问题。但是，尿泡粪建筑投资成本高、污水处理基建部分费用高。并且，粪污能够在舍内厌氧消化，室内甲烷（$CH_4$）、氨（$NH_3$）、硫化氢（$H_2S$）等有毒有害气体含量相对较高，因而必须配套具有良好通风换气性能的设备，确保有毒有害气体能够及时排出舍外。

（3）**干清粪** 干清粪就是粪尿分流，尿及冲洗水由地面坡度自然汇集到舍外主污水沟，干粪由人工或者机械收集，根据动力源可分为人工干清粪和机械干清粪。机械清粪包括链式刮板清粪机、铲式清粪机、往复式刮粪板等，该工艺一次性投资较大，设备维护和运行费用较高。人工清粪只需要一些简单的清扫工具和粪车，但是该工艺劳动强度大、生产效率低。干清粪工艺收集的固态粪便含水量低，粪中营养成分损失小，适宜作为制作有机肥的原料，便于进行高温堆肥而资源化利用。干清粪耗水量少，产生的污水量也少，且污水中的污染物含量低，一定程度上降低了后续环保处理设施的压力。

（4）**生物发酵床工艺** 生物发酵床养猪法是在猪饲料及垫料中添加枯草芽孢杆菌和酵母菌，形成有利于猪生长发育的微生态系统，微生物代谢产生的乙酸、丙酸、乳酸、细菌素等共同组成对外界有害微生物的化学屏障；原籍菌群有秩序地定植于黏膜、皮肤等表面或在细胞之间形成生物屏障。正常运行的生物发酵床，其中心部无氨味，垫料湿度在45%，手握不成团，温度在45℃左右，pH7~8。生物发酵床的发展经历了三代，第一代接触式发酵床，第二代非接触式发酵床和第三代的独立式发酵床，第三代发酵床技术灵活机动，能够实现零排放。

## 32. 地方猪和外种猪的饲养工艺有什么区别?

一般采用"分阶段饲养"的养猪生产工艺流程。即:配种→妊娠→分娩→哺乳→保育→育肥的流水生产作业。以"周"为繁殖节律,实行常年配种、产仔、断奶、保育、生长均衡生产。地方猪和外种猪的饲养工艺流程分别见图2-2、图2-3。

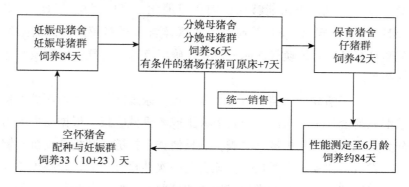

图2-2 地方猪饲养工艺流程参考图

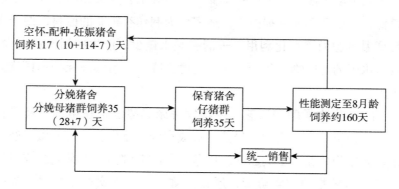

图2-3 外种猪饲养工艺参考流程图

## 33. 年出栏1万头商品猪猪场的各类猪群数量怎样计算?

以年出栏10 000头商品猪猪场为例:

（1）**成年母猪头数**　成年母猪头数＝年出栏商品猪头数÷每头母猪每年所提供的商品猪头数，按照每头母猪每年提供上市商品猪18头计，则成年母猪头数＝10 000÷18＝556（头）。

（2）**后备母猪头数**　母猪年更新率为33%，后备母猪头数＝成年母猪头数×年更新率，则后备母猪头数＝556×33%＝184（头）。

（3）**公猪头数**　公母比例为1∶25（自然交配，人工授精公母比例为1∶100），公猪头数＝成年母猪头数×公母比例，则公猪头数＝556×1÷25＝23（头）。（公猪一般单圈饲养）

（4）**后备公猪头数**　公猪年更新率为33%，后备公猪头数＝公猪头数×年更新率，则公猪头数＝23×33%＝8（头）。

（5）**待配母猪、妊娠母猪、哺乳母猪栏位**　各类猪群在栏时间一般为：

①配种舍＝待配（7天）＋妊娠鉴定（21天）＋消毒（3天）＝31天；

②妊娠舍＝妊娠期（114天）－妊娠鉴定（21天）－提前入产房（7天）＋消毒（3天）＝89天；

③分娩舍＝提前入产房（7天）＋哺乳期（35天）＋消毒（3天）＝45天；

④总在栏时间＝配种房（31天）＋妊娠舍（89天）＋产房（45天）＝165天；

⑤母猪在各栏舍的饲养时间占比为：配种房占18.8%，妊娠舍占53.9%，产房占27.3%。

按上述占用比例，以556头母猪为例，测算各种母猪舍舍位：

配种舍有母猪：556×18.8%＝104（头）；

妊娠舍有母猪：556×53.9%＝300（头）；

分娩舍有母猪：60×27.3%＝152（头）；

在测算出各类母猪数基础上适当预留舍位，即应设计配种舍栏位110个，妊娠舍栏位315个，分娩舍产床160个。

（6）**保育舍栏位**　仔猪保育期35天，可与产房栏位数量相同。

**（7）育肥舍圈舍** 育肥期90天加消毒3天共计93天，其饲养期为保育期的2~3倍，故其栏位应为保育期的2~3倍。

# 第四节　工程工艺设计

### 34. 不同猪群需水量、水流速和饮水温度有何要求？

不同类别的猪的日需水量、流速和水温不同，如果达不到要求会影响猪的生产性能的发挥，表2-3列出了不同猪群的需水量、流速和温度的需求。

表2-3　不同猪群的需水量、流量及水温

| 种群 | 需水量<br>[升/（天·头）] | 流速<br>（升/分钟） | 饮水温度<br>（℃） |
|---|---|---|---|
| 种公猪、成年母猪 | 25 | 2 | 20~25 |
| 哺乳母猪 | 60 | 2 | 25~28 |
| 育肥猪 | 15 | 1.0~1.5 | 16~20 |
| 育成猪 | 10 | 0.5~1.0 | 16~20 |
| 断奶仔猪 | 5 | 0.3 | 35~38 |

### 35. 猪舍的通风方式有哪些？

根据气流形成动力不同可将通风方式分为自然通风和机械通风两种：

**（1）自然通风** 自然通风分为风压通风和热压通风。建筑设计规范要求，自然通风需要按照热压通风来设计，因其充分考虑了无风压的特殊情况，热压通风设计同样可以满足生产需求。

自然通风设计的步骤为：确定所需通风量→检验采光窗夏季通风量是否满足要求→地窗、天窗、通风屋脊及屋顶风管的设计→冬季通风设计。炎热地区小跨度猪舍一般可通过自然通风来满足通风换气的需求，但是对于现代化、大跨度的猪舍，自然通风已不能满足需求，需要考虑采用机械通风来满足整栋猪舍的通风需求。

（2）**机械通风** 机械通风也被称为强制通风，其优点是通风的动力不受气温和气压的影响，但是受猪场电力供应的影响。无窗密闭式猪舍需要配备单独的发电设备，以防夏季用电高峰期拉闸限电的危险情况出现。根据猪舍气压变化情况，机械通风分为正压通风、负压通风和联合通风三种方式。根据气流在猪舍内部流动的方向，可将机械通风分为横向通风和纵向通风。

根据现有我国规模化猪场的现代化程度，建议一般投资规模猪场尽可能采用自然通风，机械通风辅之，炎热地区尽量采用机械通风。

## 36. 影响猪舍通风的因素有哪些？

（1）**温差** 温差越大，通风量越大；温差越小，通风量越小。

（2）**风力** 风力大通风量大，风力小通风量小。

（3）**通风口** 通风口高度、朝向、密封性等。

（4）**遮拦物** 气流遇到遮拦物会改变方向，通风设计需充分考虑猪栏形式及其对舍内通风阻止的影响。

（5）**湿帘** 保持湿帘洁净减小静压。

（6）**扰流风扇** 扰流风扇起着阻止气流的作用，对于夏季降温需要考虑其安装角度，防止舍内气流出现死角。

## 37. 机械通风设计应考虑哪些因素？

（1）建筑及舍内空气分布情况。

（2）猪舍换气率。

（3）通风口性质。

（4）各类风机参数及分级。

（5）环境控制冷热需求。

## 38. 猪舍的降温措施有哪些？

（1）**绿化遮阳** 利用遮阳板在窗户处遮挡阳光，也可以加盖遮阳网阻断太阳辐射。绿化对于场区气候调节具有重要作用，一方面可以美化环境，净化场区空气，另一方面可以吸收太阳辐射，降低场区温度。

（2）**通风降温** 当舍内气温高于舍外，开启风机能够将舍内热量带走，风机产生的气流掠过猪的皮肤则会增加猪的蒸发散热能力。常用的系统有湿帘风机温控系统。

（3）**蒸发降温** 在高温环境中，猪主要依靠蒸发散热，当环境温度高于皮温时，机体只能靠蒸发散热来维持体热平衡。猪体滴水、地面洒水、屋顶喷淋、舍内喷雾等均可起到环境降温的目的。

## 39. 猪场湿帘降温系统有什么管理要求？

用于水帘降温的水介质一般为深井水，而且猪场空气中往往含有大量的悬浮物和微生物，过帘时会有一部分被拦截到湿帘纸上。水中的矿物质及拦截的污染物会导致湿帘的性能下降，所以水帘降温需要满足一定的管理要求：

（1）降温水的水质良好。

（2）湿帘要具有很好的布水措施，保证湿帘湿润均匀。

（3）为了防止冬季产生贼风影响生产，需要做好密封工作。

（4）为了保证湿帘系统的降温效率，减少矿物质的集聚，需用盐酸定期处理，2%的硫酸铜溶液能起到抑制微藻生长的作用。

## 40. 猪场有哪些照明灯具？都有什么优缺点？

（1）**白炽灯**

优点：显色指数99~100，光品质最接近于太阳光，市场价格便宜。

缺点：灯丝在高温状态下才能保持白炽状态，灯丝仅能将约10%的电能转化为光能，使用寿命一般不会超过1 000小时。其缺点是不节能、寿命短。

**（2）卤素灯**

优点：光品质较接近于日光，显色指数95以上，控光性好，且价格较便宜。

缺点：卤素灯属于白炽灯的变种，大部分电能仍以热量方式散失，光转化效率较低，使用时间2 000~4 000小时。

**（3）荧光灯**

优点：发光效率比白炽灯高。

缺点：显色相对较差，荧光灯管含有汞等有害元素，对环境具有一定的危害性。如果荧光灯的质量不达标，会造成紫外线辐射和频闪现象，对眼睛、皮肤等有伤害。

**（4）节能灯**

优点：体积小，比白炽灯节省能源，寿命也比白炽灯长，使用时间达5 000~8 000小时。

缺点：显色指数低，看东西会严重变色，灯管内有汞，易造成环境污染。镇流器会产生一定的电磁辐射。

**（5）LED灯**

优点：节能、环保、健康，发光效率比白炽灯和荧光灯都高，使用时间基本可达30 000~50 000小时，无荧光灯等紫外线辐射的影响，不含汞等环境污染物。

缺点：质量参差不齐。

## 41. 怎样配备各类猪栏？常用尺寸怎样考虑？

猪栏按猪的饲养类群分为公猪栏、配种栏、妊娠栏、分娩栏、保育栏和生长育肥栏等。

**（1）母猪单体限位栏** 单体限位栏为钢管焊接而成，前端安装食槽和饮水器，尺寸为（2.1~2.2）米×0.6米×1.0米（也可采用长度2.0米，宽度0.65米或0.70米）。

（2）**母猪分娩栏** 高床限位分娩栏由金属焊接而成，一般2.2米×1.8米×0.6米，母猪限位架一般为2.2米×0.65米×（0.9~1.1）米，仔猪保温箱尺寸通常为1.0米×0.6米×0.6米。

（3）**仔猪保育栏** 仔猪保育栏用于管理4~10周龄的断奶仔猪，一般高度为0.6米，离地50~60厘米，不同厂家设备尺寸差异较大，如（2.1~2.4）米×（1.8~3.0）米等。

（4）**公猪栏** 公猪栏主要用于养殖成年公猪和后备公猪。成年公猪一头一栏，占栏面积可以参考国家标准和地方标准来确定，如重庆地区可以参考《种公猪饲养管理技术规程（DB50/T 308—2009）》，公猪栏一般高1.2~1.4米。

（5）**空怀母猪栏** 空怀母猪栏可以采用小圈饲养，一般每圈4~6头，利于人为观察发情等。如果采用金属栏，栏高可以设置为0.8~1.0米。

（6）**育成育肥栏** 育成育肥栏有多种形式，如实体地面和混合地面等，一般要求地面坡度2%~3%，栏高1.0~1.2米。

## 42. 猪场常用采暖方式及有关设备有哪些？

现代化猪舍的供暖，分集中供暖和局部供暖两种，集中供暖主要利用热水、蒸汽、热空气及发热膜等。在我国养猪生产实践中，集中采暖多采用热水供暖系统，该系统包括热水锅炉、供水管路、散热器、回水管及水泵等设备；局部供暖最常用的有电热地板和电热灯等设备。

## 43. 猪场的降温系统有哪些？

对高温地区而言，夏季仅靠一般的降温措施不足以做到为猪提供舒适的生活和生产环境，所以需要借助机械降温来实现。

（1）**环保空调机** 一种集降温、换气、增湿、防尘于一身的蒸发式降温正压换气设备，是一款全新无压缩机、无冷媒、无铜管的环保节能产品，其核心部件是蒸发式湿帘及主电机。

（2）**水帘−风机** 猪舍一端安装水帘，另一端安装风机，该系统的降温过程是在水帘纸内完成的。室外干热空气被负压风机抽吸过帘，水膜中的水分吸收空气中的热量后蒸发，带走空气中的大量潜热，温度降低的空气在风机形成的负压作用下进入室内，起到降温的作用。当舍外湿度较大时，降温效果会变差，所以高温高湿地区需要谨慎使用水帘−风机的降温方式。

（3）**滴水降温系统** 滴水降温是一种经济有效的降温方法。水滴到猪的颈部动脉处，蒸发带走大量热可降低体温，而且猪颈部密布神经感应器，会感到格外凉爽，适用于单体限位饲养的哺乳母猪与怀孕母猪。滴水降温必须结合通风使用，因为只有水分蒸发才能起到更好的降温作用。在产房滴水量不能太大，否则舍内太潮湿易造成哺乳仔猪腹泻。

①滴水位置：水滴到母猪颈部和肩部，不可滴入耳中，防止发生耳类疾病。

②滴水温度：＞27℃时，开启风机辅助降温。

③滴水量：1.9~3.8升/小时，间歇供水2~3分钟，吹风20分钟。

（4）**喷雾降温系统** 多采用高压喷头将水雾化成直径＜50~80微米的雾滴，使水雾落到猪体或地表以前就完全汽化，从而吸收室内热量，达到降温目的。但是细雾降温的降温效率比湿帘低，这主要是由于细雾分布不均匀造成的。

## 44. 猪场自动饲喂系统包括哪些子系统及主要设备？

（1）**储料塔** 玻璃钢材质，壁厚5毫米。

（2）**上料蛟龙** 碳钢，高度4米、外径165毫米，壁厚3.0毫米。

（3）**输送管线** 塞盘链条，镀锌管，转角等。

（4）**上料动力传动箱** 不锈钢，包括减速电机外壳、转轮。

（5）**上料自动控制系统**　由漏电保护器、微电脑时控开关、自动上料控制器、交流接触器组成。

（6）**自动化落料系统**　微电脑时控开关、自动落料控制器构成。

# 第五节　**建筑设计及总平面规划**

## 45. 猪场建筑的特性表现在哪几个方面?

（1）**建筑用地面积**　指城市规划行政主管部门确定的建设用地位置和界线所围合的用地之水平投影面积，不包括代征的面积。

（2）**建筑面积**　指各建筑物每层外墙线（是墙外柱子外缘线）的水平投影面积之和，层高在2.2米以下的技术层不计做建筑面积。即指住宅建筑外墙外包围的（含外墙）的各层平面面积之和。

（3）**建筑基底面积**　是指建筑物首层的建筑面积。

（4）**结构面积**　是构成房屋承重系数，分隔平面各组成部分的墙柱、墙墩以及隔断架构件所占的面积。

（5）**绿地面积**　指能够用于绿化的土地面积，不包括屋顶绿化，垂直绿化和覆土小于2米的土地。

（6）**建筑覆盖率**　指建筑基底面积占建设用地面积的百分比。

（7）**建筑高度**　指建筑物室外地平面至外墙面顶部的总高度。

（8）**建筑间距**　指建筑平面外轮廓线之间的距离。

（9）**容积率**　容积率=总建筑面积/总用地面积。

（10）**绿化率**　指项目规划建设用地范围内绿化面积与规划建设用地面积之比。

（11）**楼高**　指楼板与楼板之间的高度。一般情况净空为2.8米高，连楼板在内为3米高即可。

（12）**隔热层**　普通用膨胀珍珠焙烧制成的五脚砖，厚度约

10~15厘米。

（13）**楼梯** 住宅楼梯一般净宽不应少于1.1米，梯级宽×高为27厘米×16.5厘米。

## 46. 猪场建筑有哪些特性要求？

建筑物由基础、墙和柱、楼底层、楼梯、屋顶、门和窗等构件组成，各构件需要满足工程质量的要求。建筑工程质量是指建筑工程满足相关标准规定和合同约定的要求，包括其在安全性、使用功能及其耐久性能、环境保护等方面所有明显和隐含能力的特性总和，猪场建筑特性主要表现为六个方面：

（1）**适用性** 指工程满足建设目的的性能。

（2）**安全性** 指工程建成以后保证结构安全，保证人身和环境免受危害的可能性。

（3）**耐久性** 指工程确保安全性的条件下，能够正常使用的年限。

（4）**经济性** 指工程从规划、勘察、设计、施工到整个产品使用寿命期内的成本和消耗。

（5）**观赏性** 建筑工程具有一定的观赏价值。

（6）**环境协调性** 指其能否适应可持续发展的要求。

## 47. 猪舍内部地面建造有哪些注意事项？

（1）**合理的坡度** 坡度的存在主要是考虑到猪舍冲洗水和猪尿的分离，减少尿液在舍内的分解，为猪提供一个干燥、洁净的环境。猪舍内部地面的坡度尽量保持在2%~3%，坡度过小或者地面坑洼不平易导致地面聚集污水或者不能及时流失，而坡度过大容易导致怀孕母猪流产，且当地面较湿时也容易导致猪只站立不稳，易摔倒和损伤肢蹄。

（2）**合理的粗糙度** 猪舍地面不宜过于光滑这是大家都能理解的，所以猪舍建造过程中，一部分业主走向另一个极端，将地面做得过于粗糙，这样一方面粪渣等污物容易存集，另一方面也容易对猪蹄的硬角质造成损伤，影响种猪的使用年限。

## 48. 猪舍屋顶的分类有哪些?

（1）**平屋顶**　通常是指排水坡度小于5%的屋顶，常用坡度为2%~3%，主要形式有挑檐、女儿墙、挑檐女儿墙、盝（盒）顶，见图2-4。

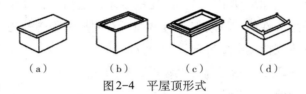

图2-4　平屋顶形式

a.挑檐　b.女儿墙　c.挑檐女儿墙　d.盝（盒）顶

（2）**坡屋顶**　指坡度＞10%的屋面，主要有单坡顶、硬山两坡顶、悬山两坡顶、四坡顶、卷棚顶、庑殿顶、歇山顶、圆攒尖顶，见图2-5。

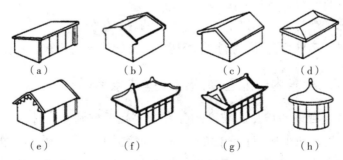

图2-5　坡屋顶形式

a.单坡顶　b.硬山两坡顶　c.悬山两坡顶　d.四坡顶　e.卷棚顶
f.庑殿顶　g.歇山顶　h.圆攒尖顶

（3）**其他形式**　随着建筑美学的发展，出现了拱结构、薄壳结构、悬索结构及网架结构屋顶等，这些屋顶主要用于大跨度的公共建筑，见图2-6。

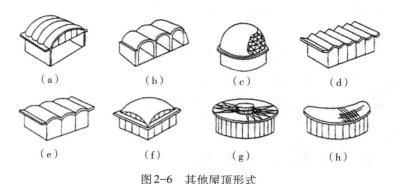

图2-6　其他屋顶形式

a.双曲拱顶　b.拱顶　c.曲面网架　d.折板　e.筒壳　f.扁壳
g.轮幅式悬索　h.鞍形悬索

## 49. 门窗的设计有哪些方式?

根据《2013—2017年中国金属门窗行业发展前景与投资预测分析报告》统计，门窗主要有5种分类方式:

（1）**按材质**　分可为木门窗、铝合金门窗、塑钢门窗、钢门窗、铁花门窗、玻璃钢门窗、不锈钢门窗等。

（2）**按功能**　分旋转门、防盗门、自动门。

（3）**按开启方式**　分固定窗、上悬窗、中悬窗、下悬窗、立转窗、平开门窗、滑轮平开窗、滑轮窗、平开下悬门窗、推拉门窗、推拉平开窗、折叠门、地弹簧门、提升推拉门、推拉折叠门、内倒侧滑门。

（4）**按性能**　分防火门窗、保温型门窗、气密门窗、隔声型门窗。

（5）**按应用部位**　分为内门窗、外门窗。

## 50. 猪舍的类型有哪些?

（1）**按屋顶形式**　可以分为单坡式、双坡式、平顶式、拱顶式、钟楼式、联合式等。

（2）**按墙体结构的开放程度**　可以分为开放式、半开放式和密闭式。

（3）**按舍内猪栏的排列方式** 猪舍则可以分为单列式、双列式和多列式。

（4）**按生产模式** 规模化猪场按照全进全出的模式进行生产，所以不同的种群饲养在不同的猪舍内，按照养殖功能划分，则猪舍可以分为公猪舍、配种母猪舍、妊娠母猪舍、分娩猪舍、保育猪舍、生长育肥猪舍、隔离猪舍等。

## 51. 猪场的功能区怎样划分？

按照区域功能的不同，规模化猪场一般可分为生活区、行政管理区、生产区、隔离区和环保工程区五个功能区域。进行总图规划时，需要综合考虑猪场未来发展、卫生防疫、社会联系等因素，根据场地的地形地势和当地的气候条件，按照行政管理区、生活区和生产区在上风向地势高燥处，隔离区和环保工程区在下风向地势较低处的原则进行规划布局，见图2-7。

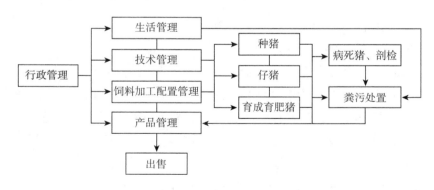

图2-7 猪场建筑和设施功能关系

## 52. 猪场总平面设计的指导思想有哪些？

（1）根据猪场的生产工艺设计要求，结合当地气候条件、地形地势及周围环境特点，因地制宜，按功能分区。合理布置各种建（构）筑物，满足其使用功能，并创造出经济合理的生产环境和良好的工作环境。

（2）充分利用场区原有的自然地形、地势，建筑物长轴尽可能按场区的等高线布置，尽量减少土石方工程量和基础设施工程投资，最大限度减少基本建设费用。

（3）合理组织场内、外人流和物流，为生产创造最有利的环境条件、防疫条件和生产联系，实现高效生产。

（4）保证建筑物具有良好的朝向，满足采光和自然通风条件，并有足够的防火间距。

（5）猪场建设必须考虑猪粪尿、污水及其他废弃物的处理和利用，确保其符合清洁生产的要求。

（6）在满足生产要求的前提下，建（构）筑物布局应尽量紧凑、节约用地。在占地满足当前使用功能的同时，应充分考虑今后的发展，留有余地，预留出的空地可暂时用于种植青绿饲料供猪食用。

## 53. 猪场的布局方式有哪些?

（1）**三点式** "三点式"设计模式是PIC公司的Hanky提出的，将配种-妊娠-分娩、保育和育成育肥分为3个独立的分区，各区独自成体系，有益于猪场的疫病防控，被视为猪场布局模式的理想样板，对养殖园区布局及生猪产业的发展产生了革命性的影响。标准的"三点式"模式要求各场区距离不小于1千米，所以除沿海、平原地区外很难找到相应广阔、合适的地点。规模超600头基础母猪的场应避免采用"单点式"模式，可考虑变异性"三点式"布局，各区间距离可控制在100~300米，猪场建筑间至少留有8~10米的缓冲带。

种猪场、保育场、育成育肥场的三区独立布局成为三点式模式。

（2）**两点式** 由于土地面积、地形等限制，"三点式"布局一般较难采用，"两点式"布局往往被推崇，即母猪区、保育育肥区。

种猪场、保育-育成育肥场的两区独立布局成为两点式模式。

（3）**一点式** 顾名思义，就是所有的生产都在一个布局紧凑密集的区域，整个养殖过程在同一场地，将配种、分娩、保育、生长发育等工序组成一条生产线。该模式较其他两种更为落后，但是在平整土地不多的山区该种设计模式较多见，因为限于土地和交通问题，这种模式更能节约猪场的运行成本。

## 54. 猪舍间距怎样确定?

猪舍间距应以满足防疫要求为基础，在总体规划中综合考虑自然采光、通风降温、消防、管线埋设、视觉卫生等要求及其他限制性因素。

（1）**采光间距** 我国《民用建筑设计通则》（JGJ37—1987）第三章3.1.3规定了日照标准："住宅每户至少有一个居室、宿舍每层至少有半数以上的居室能获得冬至日满窗日照不少于1小时"。猪舍多属于一层生产性设施，且光照对于其生产性能的发挥具有重要的意义，所以采光间距可以参考该通则，从而保证猪舍在冬季亦能够获得充足的日照和太阳辐射。在建筑设计中，猪舍的采光间距一般为檐高的1.5~2倍，如果所处地区纬度越高则系数的取值越大。

（2）**通风间距** 猪舍通风与防疫间距一般为檐高的3~5倍，自然通风时一般取值为5，机械通风取值为3，如果风向与建筑垂直时可取值4~5，当与风向夹角为30°~60°时，可取值3。

（3）**防火间距**

①定义：建筑防火间距是指防止着火建筑在一定时间内引燃相邻建筑，便于消防扑救的间隔距离。一般消防车能顺利通行的距离为7.0米。

②防火等级：猪舍防火等级为2~3级，猪场同类猪舍防火间距可取10.0~15.0米，不同类猪舍可取15.0~20.0米。实际建设中防火建筑的间距可取8.0~12.0米即可，过大会导致浪费占地面积，并在征地面积有限的条件下，将影响预留发展用地面积。如果土地面积

充足，加大间距并且进行良好的绿化则会对场区内气候起到较好的调节作用。

（4）**视觉卫生间距** 自然通风的猪舍正面间距要满足采光、通风等需求，在该条件下其足够满足视觉卫生要求，因此，涉及视觉卫生主要是侧面间距。可参考《城市居住区规划设计规范》（GB 50180—1993）的规范来确定侧面间距。

## 55. 猪场内道路设计的原则是什么？

（1）道路短直，净污分开，与总图布局、绿化设计相协调，满足工艺流程以确保场内各生产环节联系简便。

（2）有足够的强度，能够保证车辆正常通行。

（3）路面不积水，不透水。

（4）路面向一侧或两侧有1%~3%的坡度，以利于排水。

（5）道路一侧或两侧要有排水沟。

（6）道路的设置不会妨碍场内排水。

（7）猪场道路需要联系到各个建筑物，所以采用枝状布局并且在末端设置回车道。

## 56. 猪场的噪声来源有哪些？

猪场噪声来源大致可分为四类。

（1）**外界噪声** 如饲料及猪的运输车辆、途径车辆产生的噪声、临近猪场扫墓时的鞭炮声等。

（2）**机械运行** 猪舍内部机械运行产生的噪声，如风机、清粪机、自动供料系统等。

（3）**猪的活动** 猪的采食、饮水、走动产生的哼叫、狂叫等。

（4）**人的活动** 工人操作噪声，如清扫圈舍、加料、免疫消毒等。

## 57. 猪场绿化的作用及设计原则是什么？

（1）**绿化的作用** 美化猪场场区环境，吸收和净化大气中有毒、有害物质，调节场区气温，改善场区小气候。猪场外围的防护林带和各区域之间种植的隔离林带，可以防止人畜往来，起到防疫隔离的作用。

（2）**绿化设计原则** 在规划设计前要对猪场的自然条件、生产性质及规模、污染状况等进行充分的调研，在猪场建设总体规划时进行绿化规划。要本着"统一安排、统一布局"的原则进行，规划时既要有长远考虑，又要有近期安排，要与全场的分期建设协调一致。绿化不能影响地下、地上管线和生产车间的采光。

## 58. 猪场不同功能区的绿化植物怎样选择？

（1）**场区林带绿化** 在场界周边种植乔木、灌木混合林带或规划种植水果类植物。乔木类有大叶杨、旱柳、钻天杨、白杨、柳树、洋槐、国槐、泡桐、榆树及常绿针叶树等；灌木类有河柳、紫穗槐、侧柏；水果类的苹果、葡萄、梨树、桃树、荔枝、龙眼、柑橘等。

（2）**场区隔离带绿化** 场内各区，如生产区、生活区及行政管理区的四周，都应设置隔离林带，以起到防疫隔离等作用。一般可采用绿篱植物小叶杨树、松树、榆树、丁香、榆叶等，或以栽种刺笆为主。刺笆可选陈刺、黄刺梅、红玫瑰、野蔷薇、花椒、山楂等。

（3）**场区道路绿化** 宜采用乔木为主，乔灌木搭配种植。如选种塔柏、冬青、侧柏、杜松等四季常青树种，并配置小叶女贞或黄杨组成绿化带；也可种植银杏、杜仲以及牡丹、金银花等，既可起到绿化观赏作用，还能收集药材。

（4）**遮阳林** 在运动场的南、东、西三侧，应设1~2行遮阳林。一般可选择枝叶开阔，生长势强，冬季落叶后枝条稀疏的树种，如杨树、槐树、法国梧桐等。

（5）**车间及仓库周围的绿化** 该处是场区绿化的重点部位，在进行设计时应充分利用园林植物的净化空气、杀菌、减噪等作用，要根据实际情况，针对性地选择对有害气体抗性较强及吸附粉尘、隔音效果较好的树种。对于生产区内的猪舍，不宜在其四周密植成片的树林，而应多种植低矮的花卉或草坪，以利于通风，便于有害气体消散。

（6）**行政管理区和生活区绿化**　该区是与外界社会接触和员工生活休息的主要区域。该区的环境绿化可以适当进行园林式的规划，提升企业的形象和美化员工的生活环境。为了丰富色彩，宜种植容易繁殖、栽培和管理的花卉灌木。如榕树、构树、大叶黄杨、臭椿，波斯菊、紫茉莉、牵牛、银边翠、美人蕉、葱兰、石蒜等。

## 59. 如何进行猪舍的采光设计？

猪舍的采光设计可参考《建筑采光设计标准（GB 50033—2013)》，设计中应注意自然光与人造光在光强、色温等方面的本质区别。

自然光照主要是利用太阳光，可以通过建筑设计合理地确定窗户的位置、大小、数量和采光面积，保证光照强度和时间达到养猪要求，同时需根据太阳高度角、当地纬度和赤纬等精确计算，保证入射角和透光角。

自然光的光线品质优于人造光，光线趋于稳定。物体在太阳光光谱的照射下能够显现出物体本色，而在人造光的照射下物体颜色会有所失真。

人工照明是利用人工光源发出可见光，可用于调节动物生产周期等。人工光照在无窗密闭舍内是必须采用的，对于其他类型生产设施可作为补光手段。人工光照也需要考虑光源、光照强度和光色等因素，安装时需要考虑光源高度和数量等；人工光照要做好管理工作，否则有可能影响到生产。照明宜采用节能灯，一般灯距3米、净空高度2.1~2.4米。

# 第三章　猪的品种

## 第一节　品种类型及生产应用

### 60. 我国有哪些主要的优良地方猪种？应用现状如何？

优良地方猪种在养猪生产中发挥了重要作用，本书重点介绍以下9个。

（1）**荣昌猪**　主产于重庆市荣昌区和四川省隆昌县，分布于永川、泸县、合江、纳溪、大足、铜梁、江津、璧山、宜宾等10余区县，2006年调查重庆市内荣昌猪母猪20.6万头、公猪220头。毛色特征：除两眼周围或头部有大小不等黑斑外其余均为白色，少数在尾根及体躯、嘴部出现黑斑，偶尔有全白者（俗称洋眼），具体分为铁嘴、单边罩、金架眼、小黑眼、大黑眼、小黑头、大黑头、飞花、两头黑、洋眼10种毛色。经产仔数11.7头；据2006年农业部种猪质量监督检验测试中心（重庆）集中测定，日增重542克、料重比3.48，瘦肉率41.98%，肌内脂肪3.12%。

保种选育：2001年建立国家级荣昌猪资源保种场——重庆市种猪场，2006年新希望集团修建了市级荣昌猪资源保种场。荣昌区的双河、清升、昌元、仁义4个镇划定为荣昌猪保护区。

新品系选育：以荣昌猪为素材育成了新荣昌猪Ⅰ系和渝荣Ⅰ号猪配套系。

独特基因群体构建：白色耳聋实验用小型猪群体的建立，作为人神经性耳聋的疾病模型。

特色产品开发：重庆怀乡食品有限公司的荣昌烤乳猪。

产业开发：重庆市荣牧科技有限公司打造"生态荣昌猪"全产业链和高端品牌。

（2）**陆川猪** 原产于广西陆川县，2010年陆川县能繁母猪14.21万头；属小型的脂肪型地方品种，毛色为黑白花；经产仔数12.05头，日增重325克，每千克增重耗混合料4.3千克，74.5千克屠宰时瘦肉率38.15%，肌内脂肪9.27%。

特色产品开发：烤乳猪、白切猪脚、腊肉、腊乳猪、腊肠。

深加工企业：广西神龙王农牧食品集团有限公司、广西元安元食品发展有限公司、广西陆川县远郊食品有限公司等。

（3）**莱芜猪** 中心产区在山东省莱芜市，2000年以后存栏量3万多头；毛色全黑；经产仔数15头，日增重350克，每千克增重耗混合料4.2~4.5千克，90千克屠宰时瘦肉率42%，肌内脂肪10.22%。

新品系选育：莱芜猪高繁品系、专门化母系、莱芜猪合成系、鲁莱黑猪、优质商品肉猪配套系。

（4）**二花脸猪（太湖猪的重要类群）** 中心产区位于江苏省常州市武进区的郑陆镇和横山桥镇，2006年调查，二花脸猪遍布江苏全省，存栏母猪7.4万多头、公猪439头；毛色全黑；经产仔数15.91头，日增重366.156克（25.8~72.8千克阶段），料重比4.14∶1，73.7千克屠宰时瘦肉率43.94%，肌内脂肪5.15%。

肉品开发：舜山牌红烧肉、焦店扣肉、红烧蹄膀、二花脸冰鲜猪肉；二花脸猪肉专卖店；注册"焦溪舜山二花脸母猪"和"焦溪舜溪猪肉"证明商标等。

（5）**通城猪** 中心产区在湖北省通城县，据2010年底数据有能繁母猪5 300头、公猪15个血缘30头；毛色为"两头黑，中间白"；经产仔数12头，日增重427.6克，每千克增重耗混合料3.83

千克，77.5千克屠宰时瘦肉率40.6%，肌内脂肪4.56%。

保种选育：已建立通城猪保种场——通城县种畜场，划定通城县的五里镇、马港镇、四庄乡、大坪乡为通城猪保护区。

产业开发："鄂青一号"优质商品猪推广利用，"金通火腿""三元乳猪"等特色产品开发。

（6）**沙子岭猪**　主要分布于湖南省湘潭县、湘乡市、韶山市、衡阳市等地，据2006年调查湖南全省有沙子岭母猪5.98万多头、公猪18头；毛色为头和臀部为黑色，其余部位为黑色；经产母猪产仔数，大型母猪为12.39头，小型母猪为11.15头，日增重511.96克（2006年数据），料重比4.03：1（2006年数据），瘦肉率41.05%（2006年数据），肌内脂肪2.84%~3.25%（2002年数据）。

保种选育：至2010年有2个保种场、3个保护区。

（7）**淮北猪**　原产于淮北平原，中心产区在江苏省的东海、赣榆、淮阴等地，主要分布于江苏北部，据江苏省2006年调查有淮北猪公猪150余头、母猪1.10万头；毛色全黑；经产仔数13.18头，在每千克混合精料含消化能12.134兆焦和可消化粗蛋白102克的营养条件下，日增重475克，每千克增重耗混合精料4.57千克，瘦肉率45%，肌内脂肪4.85%（2006年数据）。

保种选育：已建立淮北猪保种场——江苏省东海种猪场和淮北猪保护区。

产业开发："古淮牌"东海淮猪肉等。

（8）**民猪**　主产于黑龙江、吉林、辽宁三省。据2010年调查，东北三省约有民猪母猪4 000余头、公猪80余头；毛色全黑；经产仔数13.91头，日增重510克（2007年数据），料重比3.95：1（2007年数据），瘦肉率43.46%（1989年数据），肌内脂肪5.22%（1989年数据）。

保种选育：至2010年，已建2个民猪保种场——兰西县民猪保种场、辽宁荷包猪遗传资源保种场，在吉林省的长岭、乾安、大安、前郭、扶余等地建立了民猪养殖保种示范区，饲养民猪近

2 000头。

产业开发："黑珠"牌民猪肉营销。

（9）**宁乡猪** 主产地为湖南省宁乡县，原产地为宁乡县的流沙河、草冲两个乡镇，据2006年宁乡县存栏宁乡猪母猪12.16万头、公猪20头（10个血统）；毛色为黑白花；经产仔数11.96头（2007年数据），日增重530.25克（2007年数据，15~75千克阶段），料重比3.29∶1（2007年数据，15~75千克阶段），81.54千克屠宰时瘦肉率38.62%（2006年原种场数据），肌内脂肪5.57%（2007年数据）。

保种选育：已建宁乡猪保种场–湖南宁乡猪资源场，在流沙河、草冲两个乡镇的13个自然村设立了宁乡猪保护区。

产品开发：宁乡猪冷鲜肉、腊肉，连锁加盟店，超市生鲜专柜等。

（10）**金华猪** 主产地为浙江省金华地区的义乌、东阳和金华三个县。现已推广到浙江全省20多个市、县和省外部分地区。种猪数据：毛色除头颈和臀部、尾巴为黑色外，其余均为白色，故有"两头乌"之称；经产仔数14.22头，日增重464克（17~76千克阶段，精、青料比例1∶1），75千克体重屠宰，屠宰率72.55%，瘦肉率43.36%；

保种选育重要措施：注重核心群选育、科研项目与保种相结合、成立金华两头乌猪研究所。

开发利用特色：金华市每个县（市、区）及附近县均有若干家火腿加工厂，20世纪90年代初年产火腿达300万只以上，产值6亿元左右，随后金华火腿的加工范围扩散到四川、湖北、江西、云南、江苏等地，需重视原料来源及质量；创"金华猪肉"品牌，"公司＋农户"的生产方式，对猪肉实行小包装分割，在附近大中城市超市及农贸市场，销售"绿色"金华猪肉产品。

## 61. 什么是土猪生产？有哪些开发利用方式？

土猪本意指我国地方猪种，是指原产于中国、由劳动人民长期培育，且近100多年来未与外国猪种杂交过的一类猪种。
如图3-1。

图3-1　盆周山地猪群体

土猪生产适应了人们富裕后追求绿色健康饮食习惯及享受肉香味美口感的时尚需求，因而具有较大生产发展潜力。当前土猪生产常见品牌有：壹号土猪、安康走地猪、三碗、岭南集团、山黑牌有机猪、湛江土猪、瑶土猪、黑加宝黑猪、东升牌土猪、涪陵黑猪、皖南黑猪肉、关中黑猪等。

当前土猪营销活跃区域主要集中于大、中城市，如北京、上海、广州、深圳、香港、南宁、成都、重庆、武汉、郑州、苏州、杭州、福州等地。

对拟进入或已进入该行业的企业一些建议和忠告：①搞好市场需求潜力分析：产品购买者消费特征、潜力需求群体调研、市场需求预测影响因子分析、当前数据定量分析、未来3~5年发展趋势预测；②产品销售分析：销售总量分析、主要销售区域分析；③产品供给分析：关联市场主要供给量、供给来源构成、供需格局分析。

为了提高生产效率、降低成本，常采取如下几种方式开发利用土猪：①一土一洋模式生产土杂猪，如杜×本、巴×本模式，这是当前土猪生产的主流；②土×土模式，利用两种地方猪种的优势来生产优质肉，如陆川猪与太湖猪杂交生产土猪模式（壹号土猪模式）；③纯种土猪模式；④以地方猪种为素材的培育猪种（配套系）模式。

## 62. 生产中常见的引进瘦肉型猪种有哪些？生产性能如何？

生产中引进的瘦肉型猪种（俗称"洋猪"）有大约克夏猪、长白猪、杜洛克猪、汉普夏猪、皮特兰猪、巴克夏猪等，如图3-2、3-3。

（1）**大约克夏猪** 在我国又称大白猪。原产英国，毛色全白，允许头部有暗斑；经产仔数11~12头，农场大群测定公猪日增重892克、母猪855克，瘦肉率61%；据丹麦测定中心资料，30~100千克公猪日增重982克，料重比2.28∶1，瘦肉率61.9%。

（2）**长白猪** 原产丹麦，毛色全白；经产仔数11~12头，据丹麦测定中心资料，30~100千克公猪日增重950克，料重比2.38∶1，瘦肉率61.2%。

（3）**杜洛克猪** 原产美国，被毛红棕色，皮肤上可出现黑斑，但不允许出现黑毛或白毛；经产仔数9~10头，据丹麦测定中心资料，30~100千克公猪日增重936克，料重比2.37∶1，瘦肉率59.8%。

（4）**汉普夏猪** 原产美国，被毛黑色，在肩部和前肢有一条白带围绕，又称"银带猪"；经产仔数数9~10头，据丹麦测定中心资料，30~100千克公猪日增重845克，料重比2.53∶1，瘦肉率61%~62%。

（5）**皮特兰猪** 原产比利时，被毛灰白，夹有黑斑，杂有部分红色；经产仔数10~11头，据法国资料，皮特兰猪背膘厚7.8毫米，90千克屠宰瘦肉率高达70%，缺点是氟烷阳性率高，易产生PSE肉（宰后肌肉苍白、质地松软没弹性、肌肉表面渗出肉汁，俗称白肌肉）。1991年以后比利时、德国、法国等选育了抗应激皮特兰专门化品系。

（6）巴克夏猪　原产英国，被毛黑色，具"六白"特征（鼻端、四肢端、尾端白色）；据四川省畜牧科学研究院（陶璇，杨雪梅等）报道，经选育后的巴克夏猪，经产仔数9.15头，100千克日龄171.89天，料重比2.71：1，瘦肉率62.41%，肌内脂肪3.29%。

图3-2　大约克夏猪（公）

图3-3　杜洛克猪（公）

## 63. 不同经济类型猪种的生产效率有多大差异？

一般来看，影响猪生产能力的主要因素有日增重、瘦肉率、料重比、产仔数等，这些性状在不同猪种间存在较大差异。据《养猪词典》（王林云主编，中国农业出版社，2004.10）所载的188个猪品种，从现代养猪生产角度，依据猪种经济用途及生产能力将猪品种分为脂肪型猪种（含绝大多数地方猪种）、兼用型猪种（含大部分培育猪种）及瘦肉型猪种（含大部分国外引入品种及部分培育猪种）三种类型，更能反映猪种经济价值与生产效率，且这种差异主要由基因不同所造成。对三类猪种的日增重、瘦肉率、料重比、产仔数进行性能归类与均值比较，可知日增重、瘦肉生长潜力、饲料转化效率，瘦肉型猪分别是脂肪型猪的1.61、1.56、1.60倍，平均约为1.6倍，产仔效率瘦肉型猪约相当于脂肪型猪的87%，参见表3-1。

表3-1 三类猪种生产能力差异统计

| 猪种类型 | 日增重（克） | 瘦肉率（%） | 料重比 | 产仔数（头） |
|---|---|---|---|---|
| 脂肪型猪 | 300~600 | 35~45 | (3.8~5.0)：1 | 8~15 |
| 兼用型猪 | 500~650 | 45~55 | (3.2~3.8)：1 | 10~14 |
| 瘦肉型猪 | 600~850 | 55~70 | (2.5~3.0)：1 | 8~12 |
| 瘦肉型猪与脂肪型猪的效率比（均值比） | 1.61 | 1.56 | 1.60 | 0.87 |

## 64. 如何选择猪的品种以提高养猪生产水平与效益？

这个问题涉及面对不同生产模式、市场需求与消费群体时，从提高养猪生产水平、经济效益角度，如何选择猪种类型或品种选择策略问题出发，依据我国养猪生产现状，大体存在如下三种不同情况，饲养品种选择策略如下：

（1）肉猪销往大中城市或供应大型屠宰加工企业，面对大众消费群体，可选择屠宰率、瘦肉率较高的瘦肉型猪及其杂交组合，这种方式常见于"大型集团公司"、"公司+农户+基地"、"公司+养殖小区"生产模式。

（2）面对小城市、农村、乡镇，可选择肉质较好的地方猪种、土洋杂交组合或培育猪种，这种方式常见于农户散养、专业户养殖，也常见于充分利用当地农副产品、青饲料资源的养殖方式。

（3）面对大、中城市高档优质肉消费群体，可选择脂肪沉积早、肌内脂肪多的特色地方猪种或其杂交组合或其培育猪种，走优质优价之路，如重庆海林生猪发展有限公司生产的"涪陵黑猪"品牌猪肉等。

# 第二节  经济杂交模式选择与杂优利用

### 65. 生产者如何选择杂交模式？

不同经济杂交模式的生产应用需考虑经济发展水平、养猪生产条件、消费人群及管理技术水平等，如农户散养、专业户养殖可采用土×洋二元杂交模式；面对大城市市场供应可采用三元杂交模式；而对口感挑剔的时尚人群，则需考虑地方猪种特色利用、培育猪种及配套系杂交模式等。

### 66. 杂交对肥育性能有什么影响？

不同杂种猪不同肥育性状的优势率有所不同，均表现出有利生产的杂种优势，胴体性状多为中到高的遗传力，一般不表现出明显杂种优势，杂种猪肥育性状的优势率见表3-2。

表3-2  杂种猪肥育性状的优势率

| 种别 | 头数<br>（头） | 日增重<br>（克） | 体重达100千克时<br>缩短的日数<br>（天） | 体重达100千克时<br>节约的饲料量<br>（千克） |
|---|---|---|---|---|
| 纯种 | 353 | 0 | 0 | 0 |
| 一代杂种 | 229 | 54 | 17 | 12.76 |
| 三元杂种 | 173 | 50 | 17 | 17.19 |
| 回交杂种 | 98 | 64 | 22 | 12.14 |

### 67. 养猪生产中三元杂交的优势表现如何？

与二元杂交相比，三元杂交生产性能优势又有一定程度的提高。现以荣昌猪多年杂交试验结果来阐述（注：长指长白猪，荣指荣昌猪，汉指汉普夏，杜指杜洛克）；经多点重复试验，长荣杂交组合日增重优势率14%~18%，饲料转换优势率8%~14%，胴体瘦肉率比亲本荣昌猪高5%~7%；三元杂交的汉×长荣或杜×长荣与二元杂交长×荣比较，饲料转换率高5%~12%，瘦肉率高4.14%~6.18%，每头多产瘦肉3.24~3.56千克。

# 第三节　选种与选配

### 68. 选种涉及的技术关键有哪些？

选种有4个技术关键。

（1）**生产性能测定技术**　测定前候选个体选取很重要（健康、无缺陷、血缘、个体重、外形与品种特征、奶头等）。关键确保测定的标准化，提高测定效率与数据采取速度的技术，间接测定技术等（活体测量设备等）。

（2）**育种值估计与遗传评估**　主要涉及育种目标与主选性状的确定，相关性状及多性状选择方法，还有育种值估计模型的选择及适宜育种软件的采用等。

（3）**留种个体确认**　依据选择指数或综合育种值高低初步确定留种个体后，终选个体还需参照种猪体型外貌来决定终留个体号（体形外貌不仅关系品种特征的继承，还涉及体质的结实匀称与使用年限等），在配种前公猪还需观察其性欲、精液品质，母猪还需考虑其发情状态及肢蹄强健性，然后开始制定选配计划，进入生产利用。

（4）**遗传进展传递**　关乎种猪年度性能改进幅度及育种效益，需要育种群、生产群、繁殖群的合理配置，确定各自适合的选育、更新强度，加快遗传进展传递方法主要有杂交繁育体系优化及减少传递层次等。

## 69. 影响选种的指标有哪些?

**（1）测定基本条件**

①测定猪的个体号（ID）和父、母亲个体号必须正确无误。

②测定猪健康、生长发育正常、无外形缺陷和遗传疾患。

**（2）影响选种效果的性状分类**

①生长发育性状　达100千克体重的日龄、100千克体重活体背膘厚、活体眼肌面积、活体眼肌深度、饲料转化率、眼肌B超图像。

②繁殖性状　总产仔数、产活仔数、21日龄断奶窝重、产仔间隔。

③胴体和肉质性状　宰前活重、胴体重、后腿比例、眼肌面积、屠宰率、瘦肉率、平均背膘厚、肌肉pH、肉色、肌内脂肪、滴水损失、大理石纹等。

## 70. 种猪选择程序是什么?

种猪选择程序与主要阶段包括：断奶初选（健康无缺陷、血缘、个体重、外形与品种特征、奶头）→上圈~5月龄二选（中途淘汰生长发育差及出现外形损征与缺陷表征个体）→终选：目标体重、背膘综合指数（+外貌评定）→配种前（淘汰精液品质、发情表现、性征发育异常种猪）。

**（1）第一阶段（断奶）**　在21~35日龄进行。选择依据：同窝仔猪整齐程度和个体的生长发育、体质外形等。

①体型外貌　符合本品种特征，体质强健，眼睛明亮，肩颈结合良好，腿臀肌肉丰满。

②繁殖性能　生殖器官发育良好。

③肢蹄　四肢强壮结实，前后肢有合适的弯曲。对不符合种用者进行去势。

**（2）第二阶段（二选）**　在断奶上圈至5月龄时进行。选择依据：主要根据个体的生长发育、外形结构、蹄、四肢、生殖器官等进行分级分群，中途淘汰生长发育受阻变僵者、肢蹄与躯体出现明显损征者、体质衰弱者、缺陷表型个体。可对不符合种用者进行转肥育或去势处理。

**（3）第三阶段（终选）**　先进行种猪体重、背膘测定与记录，然后进行综合评定，进入选种的主选阶段。主要根据种猪测定结果计算出个体的综合选择指数（有技术条件的可依托育种软件计算个体的日龄EBV、背膘EBV，然后计算出个体的育种值综合指数）。在保留种猪重要父系血缘前提下，按综合选择指数从高到低排名，结合体型外貌，依次确定留种个体耳号，直至完成计划留种种猪头数。将选留的种猪转栏转入后备种猪群。

## 71. 种猪选择过程中怎样进行淘汰？

**（1）配种前观察、初配与初产种猪的淘汰**　待选留种猪6~8月龄时进行初配种猪的选择，主选依据：个体本身、同胞的繁殖性能，母猪发情与受胎情况、公猪的精液质量与配种表现。根据生产及营销需要最后选定优良后备猪头数，更新补充核心群。

对至7月龄不发情、连续3次返窝的初产母猪可予淘汰；对有先天性生殖器官疾病、性欲低下、产精性能不好、超过10月龄以上不能使用，采取治疗措施后仍然无效的后备公猪则予以淘汰。

**（2）已有繁殖成绩母猪的淘汰**

①头胎母猪的淘汰　对断奶后1个月不发情、母性极差、累计2次流产、连续返情3次及以上的母猪可考虑淘汰。

②二胎以上母猪的淘汰　依据每头种猪所配窝及后代的产仔数、初生重、断奶窝重、仔猪的成活率、日增重等指标进行种猪选择。凡第一、二胎窝均活产仔猪低于5头，累计三胎窝均活产仔猪低于6头，累计三胎哺乳仔猪育成率低于60%，断奶窝重及断奶平均个体重不到品种同期平均数的40%，咬仔，累计3次难产，5胎次以上且累计胎均总产仔数低于品种同期平均数4头的经产母猪，

都予以淘汰。

## 72. 怎样制定配种计划?

依据亲缘关系选配,就是依据公、母猪间亲缘系数大小来确定公母猪配种组合,一是需要专业软件,二是要考虑不同使用目的。这在猪种资源保护、生产群繁殖及新品系培育对调节近交速度、满足特定目标上起着重要作用。可通过专业软件人工调整与配公母猪亲缘系数来完成。一般设置:保种群,0~0.06;生产群或本品种选育群,0~0.10;新品系选育群,0~0.25。在选育的不同阶段或特定公母猪组合,还可自主灵活调整亲缘系数大小或配偶对象。

## 73. 改进繁殖力或后代性能、体形的选配措施有哪些?

(1) 由于近交对猪的受精、胚胎发育、生活力及生产力具有不良影响,采用没有亲缘关系的公母猪配种,可使出生仔猪个头大、生长快、健壮活泼。

(2) 用2~4岁的强壮壮年母猪同壮年公猪交配,或用4岁以上的老年母猪同2~4岁壮龄的或2岁以下的幼龄公猪交配,能多产仔猪。

(3) 产仔少、泌乳力低或者抗病力差的母猪,选配繁殖力高、泌乳力强或者抗病力强的公猪,可使产生的部分仔猪获得公猪的优点。

(4) 繁殖力、泌乳力优秀母猪选配具有同样优点或更优秀公猪,可继承、稳定这些优良特性。

(5) 性能好、体格强健、性欲高的公猪,拟配更多母猪(但一般不要超过同期公猪平均配种母猪数的1.6倍),可提高群体繁殖性能。

(6) 依据外形的正确选配:凹背或弓背母猪,要用背腰发育正常的公猪交配;体质细致或粗糙的母猪,要用体质结实的公猪交配,这样才能克服母猪外形上的缺点并稳定其优点。

(7) 分析已有选配组合的效果,用以改进下一次配种方法。

# 第四章　猪的繁殖

## 第一节　生殖器官

### 74. 公猪睾丸有哪些功能?

（1）**产生精子**　精子是由曲细精管生殖上皮中的精原细胞所生成。猪的每克睾丸组织每天大概能够产生2 400万~3 100万个精子。

（2）**分泌雄激素**　位于曲细精管之间的间质细胞分泌的雄激素（睾酮），能够激发公猪的性欲和性行为，刺激产生第二性征，促进生殖器官和副性腺的发育，维持精子发生及附睾精子的存活。

### 75. 公猪附睾有哪些功能?

（1）**促进精子成熟**　附睾是精子成熟最后的场所，睾丸曲细精管生产的精子，刚进入附睾头时形态上尚未发育完全，颈部常有原生质小滴，活动微弱，授精能力很低。精子通过附睾管的过程中，原生质小滴向尾部末端移行，精子逐渐成熟，并获得向前直线运动以及授精的能力。

（2）**贮存精子**　附睾管上皮的分泌作用和附睾中的弱酸性（pH6.2~6.8）、高渗透压（400毫渗/升）、较低温度和厌氧的环境可使精子代谢维持在一个较低的水平。在附睾内贮存的精子数通常情况下为2 000亿，其中70%储存在附睾尾。在附睾内储存的精子，60天内具有受精能力。如贮存过久，则活力降低，畸形及死精子增加，最后死亡被吸收。

（3）**吸收作用**　附睾头和附睾体的上皮细胞具有吸收功能，可吸收来自睾丸较稀薄精液中的水分和电解质，使在附睾尾的精子浓度大大升高。

（4）**运输作用** 附睾主要通过管壁平滑肌的收缩及上皮细胞纤毛的摆动，将来自睾丸输出管的精子悬液从附睾头运送至附睾尾。

## 76. 母猪卵巢有哪些功能？

（1）**卵泡发育和排卵** 卵巢皮质部有许多原始卵泡，它们是在母猪胎儿时期就形成的。原始卵泡是由一个卵母细胞和周围一单层卵泡细胞构成。原始卵泡开始经初级卵泡发育为次级卵泡，再继续发育为三级卵泡，最后发育为成熟卵泡。能发育到成熟阶段的卵泡只占原始卵泡的极少部分，因此未成熟的卵泡会退化为闭锁卵泡。通常一个卵泡中只有一个卵母细胞。在发情前夕，卵泡不断增长，卵泡液增多，卵泡壁变薄，最终排出卵母细胞。卵母细胞排出后，会在卵泡原来的位置形成黄体。

（2）**分泌雌激素和孕酮** 在卵泡发育过程中，卵泡内膜和卵泡细胞可分泌雌激素。雌激素的作用主要是促进雌性生殖管道及乳腺腺管的发育，促进第二性征的形成，与黄体细胞分泌的孕激素协同影响母猪发情行为的表现。孕酮能促进雌性生殖管道的发育和成熟，在母猪受孕后维持母猪妊娠。

此外，卵巢还可以分泌松弛素和卵巢抑素。松弛素的主要作用是松弛产道以及有关的肌肉和韧带。卵巢抑素主要是通过对下丘脑的负反馈作用，来调节性腺激素在体内的平衡作用。

## 77. 母猪子宫的形态结构是怎样的？有哪些功能？

（1）**子宫的形态和结构** 猪的子宫是双角型子宫，由子宫角（左、右各一个）、子宫体和子宫颈三部分组成。子宫颈长达10~18厘米，前后两端较小，中间较大，其内壁呈半月形突起，突起之间形成一个弯曲的通道。此通道恰好与公猪的阴茎前端螺旋状扭曲相适应。猪没有子宫颈的阴道部，当母猪发情时子宫颈口开放，精液可以直接射入母猪的子宫内。因此猪被称为子宫射精型动物。

**（2）子宫的功能**

①精子进入及胎儿娩出的通道 经交配或人工授精后，子宫肌纤维有节律地、有力地收缩，促进精子向子宫角和输卵管游动。分娩时，胎儿则因子宫启动强力阵缩才能排出。

②提供精子获能条件及胎儿生长发育的营养与环境 子宫内膜的分泌物、渗出物，或内膜进行糖、脂肪及蛋白质代谢产生的代谢物，均可为精子获能提供环境，也可为胎儿发育提供营养需要。

③调控母猪发情周期 子宫能分泌前列腺素 $PGF_{2\alpha}$，对同侧卵巢的发情周期黄体有溶解作用，引起卵泡的发育生长，从而出现发情等一系列行为。

④子宫颈是子宫的门户 子宫颈在平时处于关闭状态，防止异物侵入子宫腔，发情时稍张开，并分泌黏液作为润滑剂，为交配和精子的进入做准备。妊娠后，在孕酮的作用下，子宫颈管分泌胶质，粘堵了子宫颈口，使一切微生物都不能侵入，保护胎儿的正常发育。临分娩时，子宫颈管内的胶质溶解，子宫颈管松弛，为胎儿排出做好准备。

## 78. 母猪输卵管的形态结构是怎样的？有哪些功能？

**（1）输卵管的形态和结构** 输卵管位于输卵管系膜内，长15~30厘米，有许多弯曲，它可分为漏斗部、壶腹部和狭部三个部分，是精卵结合和受精卵进入子宫的必经通道。输卵管的卵巢端扩大呈漏斗状，漏斗边缘有很多皱褶，叫输卵管伞，伞的前部附着在卵巢上。靠近卵巢端的1/3处较粗，称为输卵管壶腹，这是卵子受精的地方。输卵管的其余部分较细叫狭部。在壶腹部和峡部的连接叫做壶峡连接部。

**（2）输卵管的功能**

①承受并运送卵子 卵子从卵巢排出后，先被输卵管伞接住，再由伞部的纤毛细胞将其运输到漏斗和壶腹部。

②精子获能、受精及卵裂的场所　精子在输卵管内获得能量，并在壶峡部与卵子相结合成为受精卵，受精卵在纤毛的颤动和管壁收缩的作用下移行到子宫。

③分泌输卵管液　输卵管液的主要成分为黏蛋白和黏多糖，它既是精子和卵子的运载液体，又是受精卵的营养液。在不同生理阶段，输卵管液的分泌量有很大变化，如在发情24小时内可分泌5~6毫升输卵管液，在不发情时仅分泌1~3毫升。

### 79. 母猪阴道和外阴的形态结构是怎样的？有哪些功能？

（1）**阴道**　长约10厘米，是母猪的交配器官和产道。

（2）**尿生殖道前庭**　是阴瓣至阴门裂的一段短管，长度为5~8厘米。是生殖道和尿道共同的管道，其前端底部中线上有尿道外口。

（3）**阴唇**　构成阴门的两个侧壁，中间的裂缝称为阴门裂，阴门外为皮肤，内为黏膜，之间含括约肌与结缔组织。阴唇的上下两个端部分别相连，构成阴门的上下两角。

（4）**阴蒂**　阴门下角含球形凸起物，主要由海绵组织构成，阴蒂头相当于阴茎的龟头，其见于阴门下角内。

## 第二节　繁殖生理

### 80. 什么是母猪的初情期与适配年龄？

初情期是指正常的青年母猪第一次发情排卵的时间，具有繁殖能力的开始。母猪到初情期时已经初步具备了繁殖能力，但此时母猪身体还未发育成熟，体重仅为成熟体重的60%~70%。此时配种，可能会导致母体负担加重，对母猪一生的繁殖成绩均有不利影响。因此，一般在初情期1.5~2月后再开始配种。

影响母猪初情期到来的因素有很多，但最主要的有两个：一是遗传因素，主要表现在品种上，一般体形较小的品种较体形大的品种到达初情期的年龄早；杂交品种较近交品种到达初情期的时间早。二是管理方式，若采用公猪诱情的方式会使初情期前的青年母猪提早达到初情期。

## 81. 什么是母猪的发情和排卵?

（1）**发情** 指因母猪卵巢上的卵泡发育引起的雌激素分泌，并在少量孕酮的协同下，刺激神经系统的性中枢，引起性兴奋，产生交配欲的一种现象。母猪发情通常持续2~3天。发情表现是一种渐变现象，因而很难截然划分发情的开始和结束。胎次、品种和内分泌的异常都会影响母猪发情的持续时间。

（2）**排卵** 母猪的排卵一般是在发情开始后24~36小时，持续排卵时间一般为10~15小时以上，卵子在输卵管中仅在8~12小时内有受精能力。母猪在初情期后，其排卵数随着月龄或情期次数的增加而逐渐增加，至第5个情期左右逐渐稳定下来。

母猪的排卵数量受品种和胎次的影响较大。中国猪种初产排卵数为（$17.21 \pm 2.35$）枚，经产猪为（$21.58 \pm 2.17$）枚。而国外猪种初产猪平均排卵数为13.5枚，经产猪为21.4枚。

猪的排卵数与营养水平密切相关。用高能量饲料充分饲养能提高排卵率。喂给葡萄糖或脂类饲料，增加采食的能量，对青年母猪的催情有效果。排卵前母猪饲料中营养水平高低直接影响卵泡的发育。在排卵前相当短的时间内提高采食的能量，也能取得较好的效果。另外，猪的排卵数受温度等气候条件的影响也较大。

## 82. 什么是母猪的发情周期?

母猪发情具有周期性。母猪的周期性发情是指正常母猪在性成熟后且非妊娠及非哺乳的条件下，每隔一定的时间，出现一次发情的行为。一般把这次发情开始至下一次发情开始，或这一次发情结束至下一次发情结束的时间间隔，称为一个发情周期。

母猪的一个正常发情周期为20~22天，平均为21.5天，但有些特殊品种又有差异，如我国的某些小型猪种一个发情周期仅为19天。猪全年均可发情，无发情季节之分，配种没有季节性。

在整个发情周期中，母猪的卵巢、生殖道及行为等表现出不同的生理变化。按这些生理变化可将猪的发情周期分为四个阶段，即发情前期、发情期、发情后期和间情期。

（1）**发情前期** 从母猪外阴部的阴唇和阴蒂充血肿胀开始，到母猪接受公猪爬跨交配或压背站立不动时为止的这一阶段。此阶段，在前列腺素PGF$_{2\alpha}$的作用下，卵巢中上一个发情周期所产生的黄体逐渐萎缩，在促卵泡素（FSH）的作用下，新的卵泡开始快速生长发育。雌激素也开始分泌，阴道黏膜上皮细胞增生，外阴部肿胀且阴道黏膜轻度充血、肿胀，由浅红变深红；子宫颈略为松弛，子宫腺体略有生长，腺体分泌活动逐渐增加，分泌少量稀薄黏液。但此时母猪尚无性欲表现，不接受公猪爬跨。

（2）**发情期** 此期为发情最旺盛的时期，故也称为发情盛期。从母猪接受爬跨交配或压背站立不动开始到拒绝交配为止的一段时间。此阶段为母猪发情的高潮阶段，是发情征状最明显的时期。卵巢上的卵泡迅速发育成熟，FSH和LH（促黄体素）分泌增多，当LH分泌达到峰值时，卵泡破裂，排出卵子。雌激素分泌增多，强烈刺激生殖道，使阴道及阴门黏膜充血肿胀明显，子宫黏膜显著增生，子宫颈口松弛，子宫肌层收缩加强，腺体分泌增多，有大量透明稀薄黏液排出。外阴部充血肿胀明显，阴唇鲜红，性欲表现强烈。追找公猪，精神发呆，站立不动，愿意接受公猪爬跨和交配。多数母猪表现厌食、鸣叫。此时用手压背，表现四肢叉开，站立不动。

（3）**发情后期** 母猪从拒绝公猪交配开始到发情征状完全消失为止的一段时间。此时期，母猪精神由兴奋转为安静，性欲减退，有时仍走动不安，或爬跨其他母猪，但拒绝公猪爬跨和交配。此期雌激素分泌显著减少，排卵后的卵泡空腔开始充血并形成黄体，黄体开始分泌孕酮作用于生殖道，使充血肿胀逐渐消退；子宫内膜逐渐增厚，表层上皮较高，子宫颈管道开始收缩，腺体分泌减少，黏液量少而黏稠。

**（4）间情期（休情期）** 从发情征状消失开始到下次发情征状重新出现为止的一段时间。此时期母猪卵巢在排卵后形成黄体并分泌孕酮，精神表现安静，食欲正常。

## 83. 母猪是如何受孕及妊娠的?

**（1）受精** 成熟的精子和卵子相遇结合，精子主动向卵子内部转入并产生一个新的合子的过程，称为受精。

①精子的授精过程 猪属于子宫射精型动物，交配时，公猪的阴茎可进入子宫颈，有时甚至可以伸到子宫角，因此，公猪的精液射出（或人工输配）后只需通过子宫和输卵管两道屏障即可达到受精部位。猪精子在母猪生殖道中保持受精能力的时间一般为10~24小时。

②卵子的受精过程 母猪卵子排出后，由输卵管伞接纳，并在输卵管伞部纤毛的颤动、卵巢韧带的收缩及卵巢分泌液的流动等的共同作用下进入受精部位（输卵管壶腹部）。猪卵母细胞在排卵后45分钟内即可到达受精部位，排卵后8~10小时的卵母细胞均可正常受精。卵母细胞会在受精部位停留2天（发情开始后60~75小时）再向子宫方向移行（无论受精与否）。卵子受精后一边向子宫移行，一边卵裂发育为胚泡。同时，子宫为胚泡的附植作好准备。若排出的卵子在一定时间内未受精，也会向子宫方向移行。但卵子进入输卵管峡部后会迅速开始失去受精能力，进入子宫后就完全失去受精能力。精子至少要在排卵前2~3小时进入输卵管上段，才能使卵子在活力最佳时受精。

**（2）妊娠** 又叫怀孕，是指从受精开始一直到胎儿娩出的过程，妊娠期包括受精卵卵裂、胚泡的生长和在子宫内附植、发育成胎儿和胎儿成熟至分娩前的过程。猪的妊娠期一般为110~120天，平均约114天。

## 84. 什么是繁殖力？反映猪繁殖力的主要指标有哪些？

（1）**繁殖力** 指动物维持正常繁殖机能生育后代的能力。对母猪而言，繁殖力就是生产力，它直接影响母猪的生产水平。母猪的繁殖力是一个综合性的概念，包括配种、怀孕、分娩、泌乳四个阶段，在不同阶段有其特殊要求，它们之间既密切联系又相互制约。

（2）**繁殖力的主要指标**

①受配率 本年度内参加配种的母猪占能繁母猪的百分率。不包括因妊娠、哺乳及各种卵巢疾病等原因造成空怀的母猪。主要反映猪群内能繁母猪发情配种的情况。

$$受配率 = 配种母猪数/能繁母猪数 \times 100\%$$

②受胎率 本年度内妊娠母猪数占配种母猪数的百分率。在受胎率统计中又分为总受胎率、情期受胎率、第一情期受胎率和不返情率。

③总受胎率 本年度末，受胎母猪数占本年度内参加配种的母猪数的百分比。主要反映猪群中受胎母猪头数的比例。

$$总受胎率 = 受胎母猪数/配种母猪数 \times 100\%$$

④第一情期受胎率 为第一个发情周期的母猪受胎率。

$$第一情期受胎率 = 第一情期配种妊娠母猪数/$$
$$第一情期配种母猪数 \times 100\%$$

⑤分娩率 是指本年度内分娩母猪数占妊娠母猪数的百分比。

$$分娩率 = 分娩母猪数/妊娠母猪数 \times 100\%$$

⑥窝产仔数 指猪每胎产仔的头数（包括死胎、木乃伊）。一般用平均数来比较个体和猪群的产仔能力。

$$窝产仔数 = 总产仔数/产仔窝数$$

⑦断奶仔猪成活率 指断奶时成活的仔猪数占该母猪哺育的仔猪数的百分比。主要反映仔猪的培育情况。

$$断奶成活率 = 断奶成活仔猪数/哺育仔猪数 \times 100\%$$

# 第三节 **配种技术**

### 85. 如何进行母猪的发情鉴定?

（1）**公猪试情法** 母猪发情到一定程度，不仅接受公猪爬跨，同时愿意接受其他母猪爬跨，甚至主动爬跨别的母猪。用公猪试情，母猪极为兴奋，头对头地嗅闻；公猪爬跨时，则静立不动，正是配种良机。

（2）**压背法** 用手压母猪腰背后部，如母猪四肢前后活动，不安静，又哼叫，这表明尚在发情初期，或者已到了发情后期，不宜配种；如果按压后母猪不哼不叫，四肢叉开，呆立不动，弓腰，则是母猪发情最旺的阶段，是配种最旺期。

（3）**黏液判断法** 母猪发情时外阴部明显充血，肿胀，而后阴门充血、肿胀更加明显，阴唇内黏膜随着发情盛期的到来，变为淡红或血红，黏液量多而稀薄；随后母猪阴门变为淡红、微皱、稍干，阴唇内黏膜血红开始减退，黏液由稀转稠，此时母猪进入发情中期，是配种的最佳期。简而言之，母猪外阴由硬变软再变硬，阴唇内黏膜颜色由浅变深再变浅，正是配种佳期。

（4）**精神状态判断法** 母猪开始发情时对周围环境十分敏感，兴奋不安、食欲下降、嚎叫、拱地、两前肢跨上栏杆、两耳耸立、东张西望，随后性欲趋向旺盛。在群体饲养的情况下，爬跨其他猪，随着发情高潮的到来，上述表现愈来愈频繁，随后母猪食欲由低谷开始回升，嚎叫频率逐渐减少，呆滞，愿意接受其他猪爬跨，此时配种最佳。

（5）**时间判断法** 母猪发情持续时间一般2~5天，平均2~3天。在此范围内，发情持续时间因母猪品种、年龄、体况等不同而有差异。外来品种母猪一般在发情后24~48小时内配种容易受胎；本地品种母猪发情持续时间较长，一般在发情后36~48小时进行配种；培育品种母猪的发情和配种时间介于上述两者之间。老龄母猪发情时间较短，排卵时间会提前，宜早配；青年母猪发情时间长，排卵期相应往后移，宜晚配。

## 86. 如何把握母猪配种的时间?

母猪排卵一般发生在发情开始后24~48小时，排卵高峰在发情后36小时左右，母猪排卵持续10~15小时；卵子在生殖道内保持受精能力的时间是8~10小时，而精子在母猪生殖道内一般能保持24~48小时的受精能力。因此，配种要选择在母猪排卵前2~3小时进行。在生产实践中，只要发情母猪接受公猪爬跨或用手按压母猪腰部时母猪呆立不动，就可以让母猪第一次配种，再过8~12小时进行第二次配种，对青年母猪，根据母猪发情征状，还可以进行第三次配种，效果较好。观察到母猪的阴门肿胀开始消退，颜色由潮红变为淡红，便是适宜的配种时间。

## 87. 母猪配种的方法有哪些?

母猪配种方法有自然交配、复配和双重配三种，具体情况可根据猪场实际情况选用，最好采用复配。

（1）**自然交配**　即本交。母猪发情时，只用公猪诱情后与其交配的配种方式。这种方法公猪全部精液用于一头母猪的配种，公猪利用率低，且容易传播疾病。

（2）**复配**　在母猪发情期内先后交配或输精两次以上，每次配种间隔8~12小时。这种方法可使母猪生殖道内的精子保持较高的活力，增加卵子受精的机会，从而提高母猪的产仔数。

（3）**双重配**　即在母猪发情期内用两头不同的公猪（品种或血缘不同）与同一头母猪交配。但这种方法产出的仔猪亲缘关系不清，不能用于生产种猪。

## 88.  如何推算母猪的预产期?

母猪妊娠期平均114天，范围是110~120天，在母猪产仔多和营养好的情况下，分娩时间常会提前数日；而营养较差或产仔数较少时，则会推迟数日。推算母猪预产期有两种常用的方法：

（1）**配种月加4，配种日减6**  例如一头母猪是5月10日配种的，其预产期为（5+4）月（10-6）日，为9月4日产仔。

（2）**"三三三"法**  即配种月加3月，配种日加3周再加3天，按此计算，5月10日配种的母猪其预产期为5+3=8月，10+3×7+3=34天，也为9月4日产仔。

值得注意的是，在具体母猪预产期的推算中不应忽略月份大小的误差。

## 89.  母猪不发情的处理办法有哪些?

（1）**后备母猪不发情的处理方法**

①营养调控  一般瘦肉型猪的后备母猪在90千克以前不限量饲喂，保证其身体各器官的正常发育，尤其是生殖器官的发育。母猪6~7月龄时应适当限饲（每日量为2.5千克左右），防止过于肥胖。对于体况瘦弱的母猪应加强营养，短期优饲，补喂优质青绿饲料或补充维生素A和维生素E；对过肥母猪则应实行限饲，多运动少给料，直到恢复种用体况。

②定期与公猪接触  母猪在初情期到来后，要有计划地跟公猪接触来诱导发情，每天接触30~40分钟。

③激素诱导  对不发情后备母猪肌内注射800~1 000国际单位孕马血清（PMSG）诱导发情和排卵，再注射600~800国际单位绒毛膜促性腺激素（HCG），可在3~5天内表现发情和卵泡成熟排卵。

（2）**断奶母猪不发情的处理方法**

①正确掌握母猪的初配年龄  通常情况下瘦肉型的良种后备母猪在160~180日龄开始发情，但初配适期最好不早于7~8月龄，体

重不低于100~110千克。有经验的养猪场通常是让"三情"，即在母猪第一次发情后再经过3个情期（1个发情周期为18~21天），故在初情期后约2个月，第4次发情时才对青年后备母猪进行配种。所以在配种前的1个月对后备母猪进行优饲或限饲，对体况进行严格控制，对于提高受胎率和使用年限都是有益的。

②对母猪进行科学的饲养管理　对妊娠母猪来说比较合理的饲养方式应是"低妊娠，高泌乳"，即母猪在泌乳期间应让其进行最大的体况储备，使母猪断奶时失重不会过多。同时调整日粮配方，适量增加能量和蛋白质饲料，使日粮中粗蛋白含量达到17%~18%，以保证泌乳期间母猪有充足的能量和蛋白质来满足母猪维持、生长、产乳三方面的营养需要。另外，对于个别体况好、产仔少的母猪可适当限量饲喂，对其体况进行严格控制，有利于母猪断奶后发情。

③防暑降温　夏季应做好母猪的防暑降温工作，结合通风采取喷雾等降温措施，加强猪舍的通风对流，以促进蒸发和散热，传统饲养的猪场猪舍门窗应全部打开，让空气对流。有条件的猪场配种怀孕舍应安装水帘式降温系统，一般舍温可降低3~5℃。在生长和育成猪舍的露天运动场上搭建凉棚，铺设遮阳网，在气温高时，用冷水冲洗猪体或加装喷雾装置，每天喷洒4~6次；分娩舍的哺乳母猪最好采用滴水降温的方式，滴于颈部较低靠近肩膀处。

④防止原发疾病的发生　按照免疫程序做好各种疫苗的接种，对患有生殖器官疾病的母猪给予及时治疗。

⑤适当的应激处理

a.用试情公猪追逐久不发情的母猪（15~20分钟／次，连续3~4天），或将母猪赶在同一圈内，通过公猪的爬跨等刺激，促进母猪发情排卵；

b.每天上午将母猪赶出圈外运动1~2小时，加速血液循环，促进发情；

c.将久不发情的母猪，调到有正在发情的母猪圈内，经发情母猪的爬跨刺激，促进发情排卵，一般4~5天即出现发情征状。

# 第四节 人工授精技术

## 90. 公猪如何采精？

（1）**公猪的调教** 要用公猪进行人工采精，首先要对公猪进行训练。训练前要先让公猪习惯与人接近。采精的地点要固定，并要保持环境的安静。对于不同品种品系公猪，开始调教时间可根据其性成熟月龄而定，一般的瘦肉型公猪在7.5月龄左右开始调教比较合适。训练方法有：

①先将发情母猪的尿液或阴道分泌物涂在假母猪后躯，然后将公猪赶来和假母猪接触。只要公猪愿意接触假母猪，嗅其气味，有性欲要求，愿意爬跨，一般经过2~3天的训练即可成功。

②若公猪对假母猪无性欲反应，则赶一头发情旺盛的母猪到假母猪旁边，引起公猪的性欲。当公猪性欲极度旺盛时，立即将发情母猪赶走，让公猪重新爬跨假母猪，并让它射精。这种方法一般都能使公猪训练成功。

③将一头调教好的公猪在假母猪上示范采精，让新调教的公猪在旁观摩以刺激其性欲，一旦公猪有反应，立即换下采精的公猪，让其爬试。

④对调教困难的公猪，先将发情母猪的尿液涂抹在假母猪的后躯，再将发情旺盛的母猪赶到假母猪旁，让公猪爬跨并交配，待公猪性欲达到高潮时，赶走发情母猪，公猪就会爬跨假母猪。

⑤对调教困难的公猪，还可以将发情旺盛的母猪赶到公猪旁，让公猪爬跨，进行人工采精，同时用布蒙住公猪眼睛，将公猪抬到假母猪上，赶走母猪，继续采精，取掉蒙住公猪眼睛的布，让其看见假母猪，如此反复，一般经过2~3天的训练即可成功。

在调教公猪时，应注意防止其他公猪的干扰，以免发生咬架事件。一旦训练成功后，应连续几天每天采精一次，以巩固其已建立的条件反射。

**（2）采精前的准备**

①采精所需器具的准备　采精杯、采精袋、一次性采精手套、滤纸、假母猪台、防滑垫等。

②采精场地及人员的准备　采精室最好安排光线良好、安静整洁的房间。地面最好有一定坡度和粗糙度，可利于冲洗和防止公猪在行走或爬跨时打滑。为了便于工作人员在公猪发怒时躲避，采精栏内应设置安全区。

**（3）手握法采精**　当公猪爬上母猪台并伸出阴茎来回抽动时，采精人员用手抓住公猪阴茎的螺旋头处，给予适当的压力，顺势拉出阴茎，使得公猪射精。由于公猪阴茎射精时对压力的感受最为敏感，只要采精员掌握好适当的压力，公猪经过训练，都能够顺利地采出精液。该方法操作简单，使用方便，无需借助任何特制的设备，在养猪生产中得到了广泛的应用。

**（4）采精注意事项**

①在采精前最好挤干公猪包皮内的积尿，清洁包皮和阴茎。

②手握采精时，工作人员须戴塑料手套，一方面可防止手指甲抓伤公猪阴茎，另一方面可减少人畜共患病的传播。

③公猪射精时，前面较稀的精清应弃去，而收集中间乳白色的浓份精液。

④采精杯上套过滤用的纱布或滤纸，使用前纱布要烘干，湿纱布会影响精液的浓度。

⑤整个采精过程中应尽量做到无菌，保证精液不受污染。

## 91. 怎样检测猪精液品质？

**（1）外观性状**

①精液量　公猪射精量常因品种、年龄、个体、饲养情况和

采精间隔时间的不同而异。通常情况下公猪的射精量为150~300毫升，可用有刻度的集精杯采精后直接观察。

②精液颜色 正常的精液为乳白色或灰白色，精液浓厚，精子数多。若精液稀薄，则精子数少，颜色清淡；精液中混入尿液，则稍带黄色；混入鲜血，略带红色；如有脓汁，则为黄绿色。

③气味 洁净的精液稍有腥味，被包皮积液及尿液污染的精液则有明显的腥臭味。

### （2）精液活力

①十级评分法 活力（活率）是指呈直线前进运动的精子在精子总数中所占的百分率。取30微升中层精液在37~38℃电加热板上充分预热，在200~300倍显微镜下观察不同层次精子运动情况，估计呈直线运动精子的比例。一般采用0.1~1.0的十级评分法进行评定，即在显微镜下观察一个视野内的精子运动，若全部精子呈直线运动，则活力为1.0级（活率为100%）；有90%的精子呈直线运动，则活力为0.9（活率为90%）；有80%的精子呈直线运动，则活力为0.8（活率为80%），依此类推。鲜精液的精子活率以高于70%为正常，使用稀释后的精液，当活率低于60%时，则应弃去不用。

②计算机辅助精液分析法 全自动精液分析系统通过采集37℃时精子动态图像对其运动进行全面的量化分析，对精子的运动性、形态和浓度进行评估。

### （3）精子密度

①估测法 根据精子之间的距离，大致将精液中精子密度分为稀薄、中等、稠密三个等级。两直线运动的精子间的距离大于1个精子头的长度，判定为稀薄；其距离相当于1个精子头长度，判定为中等；精子间的距离小于1个精子头的长度，判定为稠密。这种方法主观性强，误差较大，只能进行粗略估计。

②分光光度法 由于精子对光的通透性较差，利用这个性质可以借助分光光度计，根据事先准备好的标准曲线确定精子的密度。现在已有根据该原理开发的精子密度仪，检查所需时间短，重复性

好，是人工授精中测定精子密度比较适用的方法。

③血细胞计数法　该方法最准确，但速度太慢，生产实践中主要用于校正精子密度仪的读数。具体操作步骤如下：

a.以稀释50倍为例：微量移液器取3% NaCl 0.98毫升，再取具有代表性原精0.02毫升加入其中混匀。

b.在细胞计数板上放一盖玻片，取1滴稀释后的精液置于计数板的凹槽中，靠虹吸作用将精液吸纳入计数室内。

c.在高倍镜下计数四角和中间的5个中方格内的精子总数，将该数乘以5万，再乘以稀释倍数50，即得每毫升原精液中的精子数（即精液密度）。

**（4）精子畸形率**

①精子畸形的分类　精子正常形态和各种畸形类型示意图见图4-1至图4-4。

图4-1　猪正常精子示意

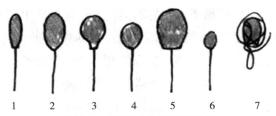

1　　2　　3　　4　　5　　6　　7

图4-2　猪精子头部畸形示意

1.窄头　2.头基部狭窄　3.梨形头　4.圆形头
5.巨头　6.小头　7.发育不全

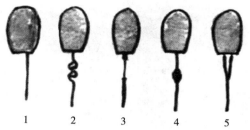

图4-3 猪精子中段畸形示意

1.偏轴 2.螺旋状中段 3.中段鞘膜脱落
4.假原生质滴 5.双中段

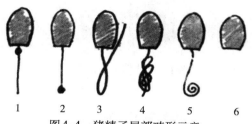

图4-4 猪精子尾部畸形示意

1.近端原生质滴 2.远端原生质滴 3.单卷尾
4.尾多重卷曲 5.环形卷曲 6.无尾

②畸形率的测定方法

a.制片：取一滴精液于载玻片一端，用另一张载玻片与其呈35°角，将精液均匀涂抹于载玻片上，放置约15分钟，自然风干。

b.固定：待涂片干燥后，放入福尔马林溶液中固定15分钟，取出后轻轻冲洗晾干。

c.染色：将涂片置于姬姆萨染液中染色1.5小时后，用蒸馏水轻轻冲洗，晾干镜检。

d.观察与计数：在低倍镜下选择背景清晰、精子分布均匀、重叠较少的区域，调至高倍镜下观察结构完整的300个精子，计数其中畸形的精子。畸形精子见图4-5至图4-7。

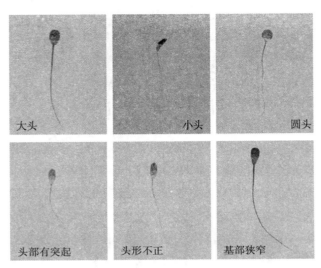

图4-5 猪精子头部畸形

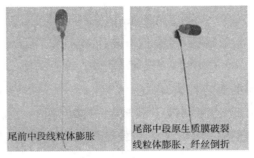

图4-6 猪精子颈部中段畸形

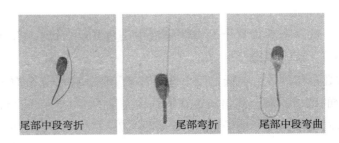

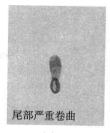

尾部严重卷曲　　尾部严重弯曲

图4-7　猪精子尾部畸形

## 92. 公猪精液如何稀释和分装?

**（1）精液稀释液的配制**

①按稀释液的配方，用称量纸、电子天平准确称量药品。

②按1 000毫升、2 000毫升剂量称量稀释粉，置于密封袋中。

③使用前将称量好的稀释粉溶于定量的双蒸水中，可用磁力搅拌器帮助其溶解。

④用滤纸过滤，尽可能除去杂质。

⑤用稀盐酸或氢氧化钠调整稀释液的pH为7.2左右，渗透压在330毫渗/升左右。

⑥稀释液配制好后，静置5分钟，观察是否合格，发现问题应及时纠正或废弃。

**（2）稀释液配方**　　几种常用的稀释液配方见表4-1，以1 000毫升为例。

**（3）精液的稀释方法**

①将稀释液的温度调至精液的温度，两者温差不超过1℃。

②将稀释液沿盛精液的杯壁缓慢加入到精液中，然后轻轻摇动或用消毒玻璃棒搅拌，使之混匀。

③如做高倍稀释时，应先进行低倍稀释（1:1~1:2），稍待片刻后再将余下的稀释液沿壁缓慢加入，以防止造成"稀释打击"。

④稀释后需要静置片刻再做精子活力检查，如果精子活力与稀释前相同，即可进行分装与保存。

表4-1　每升稀释液配方　　　　　　（单位：克）

| 成分 | 配方一 | 配方二 | 配方三 | 配方四 |
|---|---|---|---|---|
| 保存时间（天） | 3 | 3 | 5 | 5 |
| D-葡萄糖 | 37.15 | 60.00 | 11.50 | 11.50 |
| 柠檬酸三钠 | 6.00 | 3.75 | 11.65 | 11.65 |
| EDTA钠盐 | 1.25 | 3.70 | 2.35 | 2.35 |
| 碳酸氢钠 | 1.25 | 1.20 | 1.75 | 1.75 |
| 氯化钠 | 0.75 | / | / | / |
| 青霉素钠 | 0.60 | 0.60 | 0.60 | 0.60 |
| 硫酸链霉素 | 1.00 | 0.50 | 1.00 | 0.50 |
| 聚乙烯醇（PVA） | / | / | 1.00 | 1.00 |
| 三羟甲基氨基甲烷（Tris） | / | / | 5.50 | 5.50 |
| 柠檬酸 | / | / | 4.10 | 4.10 |
| 半胱氨酸 | / | / | 0.07 | 0.07 |
| 海藻糖 | / | / | / | 1.00 |
| 林肯霉素 | / | / | / | 1.00 |

（4）**精液的稀释倍数**　稀释倍数一般按每个输精剂量含30亿~45亿个有效精子，输精量一般地方猪为40~60毫升，外种猪为80毫升来确定稀释倍数。例如：某头外种公猪一次采精量为200毫升，活力为0.7，密度为3亿/毫升，则精子的总数为200毫升×3亿/毫升=600亿，其有效精子数为600亿×0.7=420亿，精子稀释头份为420亿÷30亿/份=14份，加入稀释液的量为80毫升×14-200毫升=920毫升。

（5）**精液稀释的注意事项**

①精液采精后应尽快进行活力检查并稀释，一般原精储存时间不能超过30分钟。

②未经检验或经检验不合格的精液不能稀释。

③不可随意更改各稀释液配方的成分及其相互比例，也不能将

不同的稀释液混合后进行稀释。

### 93. 如何对精液进行保存运输?

（1）公猪精液稀释后在15~20℃下保存的效果最好，通常情况下是放入17℃的恒温箱内，一般可保存3~5天。

（2）精液运输过程中的关键是保温、避光、防震。现在多使用车载恒温箱对运输过程中的精液进行存放。

### 94. 如何对母猪进行输精操作?

**（1）输精的部位**  将输精管沿45度角向上插入母猪生殖道，逆时针旋转的同时缓慢向前移动，当感觉有阻力时，轻轻来回拉动，直到确定输精管前端被子宫颈锁定。

**（2）输精量及有效精子数**  一般每次输精量地方猪为40~60毫升，外种猪80毫升，有效精子数≥30亿。

**（3）输精的次数和间隔时间**  每头母猪在每个发情期内要求至少输精两次，最好三次，两次输精时间间隔为8~12小时。

**（4）输精的方法**  在确定输精管前端被子宫颈锁定后，从精液贮存箱取出经检查品质合格的精液，缓慢摇匀精液，进行输精。

## 第五节  繁殖新技术

### 95. 如何对母猪进行同期发情配种?

**（1）青年后备母猪**  所处繁殖周期或状态未知。连续饲喂烯丙孕素（4毫升/天）18天，停止饲喂后，保持每天与公猪接触，检查到母猪发情后12小时和24小时输精。

**（2）断奶母猪**  母猪断奶后24小时注射马绒毛膜促性腺激素

(Pregnant Mare Serum Gonadotropin，PMSG）1 000国际单位，3天后公猪试情，检查到母猪发情后12小时和24小时输精。

## 96. 如何对母猪进行定时输精？

**（1）青年后备母猪** 于220日龄左右母猪经过3次发情，并完成疫苗注射后开始激素处理。

①周日下午13：00开始饲喂烯丙孕素4毫升，17天以后停止饲喂。

②之后17天即周三下午13：00最后一次饲喂烯丙孕素。

③在最后一次饲喂烯丙孕素约42小时后，即周五早晨7：00开始注射PMSG 1 000国际单位。

④在注射PMSG约80小时后，即下周一下午15：00开始注射促性腺激素释放激素（GnRH）1.5毫升。

⑤分别在注射GnRH 24小时和40小时后，即周二下午15：00点和周三上午9：00开始输精操作。

**（2）断奶母猪** 哺乳期＞28天。

①在周五早晨7：00开始断奶。

②断奶后24小时，即周六早晨7：00开始注射PMSG 800国际单位。

③在注射PMSG约56小时后，即周一下午15：00开始注射GnRH 1.5毫升。

④分别在注射GnRH 24小时和40小时后，即周二下午15：00和周三上午9：00输精操作。

**（3）哺乳期母猪** 哺乳期为28天，每批断奶母猪以30头计。

①在周四下午15：00断奶。

②断奶后24小时，即周五下午15：00开始注射PMSG 800国际单位。

③注射PMSG约72小时后，即周一下午15：00开始注射GnRH 1.5毫升。

④分别在注射GnRH 24小时和40小时后，即周二下午15：00和周三上午9：00开始输精操作。

## 97. 母猪的妊娠诊断技术有哪些?

（1）**返情观察法** 此法为生产中最常使用的方法。一般情况下，母猪配种后经过一个情期（18~24天），若母猪已经妊娠则不再出现发情表现，可通过观察母猪是否出现发情表现初步判断该母猪是否妊娠；配种后18~24天，用性欲旺盛的成年公猪试情，若母猪拒绝公猪接近，且在公猪两次试情后3~4天不表现发情，可初步确定母猪妊娠。但这种方法往往会将持久黄体或其他因素造成乏情的母猪误诊为妊娠，从而影响母猪早期妊娠诊断的准确率。

（2）**超声波诊断法**

①A超诊断法 是通过超声波对充满积液的子宫进行检查，声波由妊娠的子宫反射回来，会被转换成示波器屏幕上的图像或者声音信号，或者通过二极管形成亮线。这种仪器多数在小型猪场使用，且操作简便，体积较小，只需几秒钟就能够得到结果。但当母猪发生膀胱积液、子宫内膜水肿和子宫积脓时，容易导致假阳性诊断结果。

②B超诊断法 这是目前大型规模化猪场使用比较广泛且准确性较高的妊娠诊断方法。母猪妊娠诊断操作方法：母猪处于定位栏内，不需要保定，姿势侧卧或者站立，保持安静。打开B超开关，待机器自检正常后，调节屏幕声像图参数到最佳状态。用湿毛巾将母猪腹部擦拭干净，在B超探头涂布耦合剂，将B超探头置于母猪腹部后肋部内侧或倒数第2~3乳头之间。妊娠早期，探头朝向耻骨前缘、骨盆腔入口方向，或以45度斜向对侧上方，随着母猪妊娠日龄的增长，探测部位逐渐前移。通过探头所处位置获取二维图像。妊娠早期可观察到子宫中羊水，妊娠中后期可观察到胎儿。有研究表明，在配种后19天使用B超对母猪进行妊娠诊断，其准确

性可达到75.6%。随着妊娠天数的增加其准确性逐渐增加，在妊娠后36~40天其准确性可达100%。

（3）**免疫胶体金快速检测法** 本法是针对激素测定的一个新方法，通过捕捉到母猪妊娠期孕酮周期性变化的规律，利用胶体金免疫层析法原理，以孕酮作为检测目标物，通过孕酮水平判断母猪是否妊娠。采用与孕酮配对的单克隆抗体，使检测的灵敏度、特异性大大增强。利用胶体金免疫层析双抗夹心法，在发情周期的规律中能正确地表达准确的诊断效果。该法取样方便，直接取待测母猪尿液即可检测。

由于发情周期孕酮的变化规律，此方法使用检测的日期推荐在猪配种后第23天为最后一天检测时间，配种后19、20、21、22天要密切观察猪的行为表现，一旦发现猪有发情的表现应立即进行检测，试剂板出现一条红线为阴性，确定为未怀孕，要及时配种，可避免假发情情况。在此期间内未出现发情表现者，配种后23天为最后检测期限，在试剂板出现一条红线为阴性，表示未怀孕，可避免由于乏情延误诊断，出现两条红线为阳性，可确定猪已怀孕，应进入妊娠期管理。

如果需要第2个情期复诊，可在配种后的第40天左右进行检测，孕猪复查可在任何时期进行。

# 第五章　猪饲料生产

## 第一节　饲料类型及生产机组

### 98. 猪饲料类型有哪些?

**（1）按营养成分分类**

①添加剂预混合饲料　简称预混料，是一种或多种饲料添加剂与适当比例的载体或稀释剂配制而成的均匀混合物。预混料不能单独饲喂，只有通过与其他饲料原料配制成全价饲料后才能饲喂。

②浓缩饲料　是由预混合饲料、蛋白质饲料及常量矿物质饲料组成，只有在加入能量饲料后才能饲喂。

③全价配合饲料　即通常所说的配合饲料，是营养平衡饲料，原料构成有能量饲料、蛋白质饲料、常量矿物质饲料、微量元素添加剂、氨基酸添加剂和维生素添加剂。此外，全价配合饲料中还常有非营养性添加剂。

**（2）按成品状态分类**

①粉料　按配方规定的比例，将多种原料经清理、粉碎、配料和混合而成的粉状成品，是目前我国大多数配合饲料工厂采用的主要形式，其细度一般在2.5mm以下。粉状配合饲料养分含量均匀，饲喂方便，生产加工工艺简单，加工成本低。但在储藏和运输过程中养分易受外界环境的干扰而失活，易引起动物挑食，造成饲料浪费。

②颗粒饲料　是将配合好的粉状饲料在颗粒机中经蒸汽调质、高压压制而成的直径可大可小的颗粒状饲料。颗粒饲料可避免猪只挑食，保证采食的全价性；在制粒过程中的蒸汽压力有一定灭菌作用；在贮存和运输过程中能保证均匀而不会自动分级；由于在制粒过程中要加入糖类和油脂，因而也改善了饲料的适口性。但加工过程中由于加热加压处理，部分维生素、酶的活性受到影响；生产成本比较高。

③膨化饲料　是粉状配合饲料通过膨化机后，形成具有较大空隙的颗粒饲料。其方法是把混合好的粉状饲料加水加湿变成糊状，在10~20秒内瞬时加热到120~170℃，然后挤出膨化腔，使物料骤然降压，水分蒸发，体积膨胀，然后切成适当大小的颗粒饲料。

④液体饲料　是将多种饲料按比例混合，并用液体搅拌机搅拌均匀的流质饲料成品。

⑤发酵饲料　是指在人工控制条件下，微生物通过自身的代谢活动，将植物性、动物性和矿物性物质中的抗营养因子分解或转化，产生更能被猪只采食消化、吸收的养分更高且无毒害作用的饲料。

## 99. 自配料与商品料有哪些差别?

自配料是指自己研究配方或者根据厂家生产的浓缩料或添加剂包装上的配方，购买饲料原料进行粉碎混合后饲喂的饲料。商品料是指到市场上购买的全价饲料，根据猪的生长阶段购买不同阶段的饲料。

两者的主要区别有：商品料营养成分比较全面，它是厂家针对猪的不同生长期优化饲料配方再生产出来的饲料，价格比较高。自配料价格相对便宜，但在配制过程中不易混合均匀，容重差异太大，混合不到一起去，分级严重，可能导致营养不均衡。

## 100. 自配料应注意哪些问题?

使用自配料相当于要办个小型饲料厂，从原料采购、粉碎搅拌机、人工等方面都要考虑。

（1）优化选择饲料配方，要根据猪只的不同生长阶段选择适合的饲料配方。

（2）采购饲料原料，应选择质优价廉的原料。但这一点不易做到，因为原料质量不能控制、原料行情波动也比较大。

（3）注重生产加工环节。小型饲料厂混合均匀度不易达到，无法喷油，生产效率较低，质量不易控制，易出现残留交叉污染等现象，且劳动强度大、人力费用高。

## 101. 怎么选择饲料生产机组?

（1）规模比较大的养猪场可选择成套的时产2~5吨的饲料生产设备，可直接联系厂家购买、安装、调试再生产就可以了。

（2）规模相对较小的猪场选择的饲料生产设备，生产粉料，设备主要有粉碎机、搅拌机、提升机等。

①粉碎机：选择粉碎机时要注意以下几点。

a.根据生产能力选择：一般粉碎机的说明书和铭牌上，都载有粉碎机的额定生产能力（千克/小时）。

b.根据粉碎原料选择：以粉碎谷物饲料为主的，可选择顶部进料的锤片式粉碎机，以粉碎糠麸谷麦为主的，可选择爪式粉碎机；若要求通用性好，以粉碎谷物为主，并兼顾饼谷和秸秆切向进料的，可选择锤片式粉碎机；粉碎贝壳等矿物饲料，可选用贝壳无筛式粉碎机；若用作预混合饲料的前处理，要求产品粉碎的粒度很细，又可根据需要进行调节的，应选用特种无筛式粉碎机。

c.根据排料方式选择：粉碎成品通过排料装置输出有3种方式，即自重落料、负压吸送和机械输送。小型单机多采用自重下料方式以简化结构。中型粉碎机大多带有负压吸送装置，优点是可以吸走成品的水分，降低成品的湿度而利于贮存，提高粉碎效率10%~15%，降低粉碎室的扬尘度。

d.根据配套功率选择：机器说明书和铭牌上均载有粉碎机配套

电动机的功率千瓦数。它往往表明的不是一个固定的数，而是有一定的范围。比如9FQ-20型粉碎机，配套动力为7.5~11千瓦；9FQ-60型粉碎机，配套动力为30~40千瓦。这有两个原因，一是所粉碎原料品种不同时所需功率有较大差异，例如在同样的工作条件下，粉碎高粱比粉碎玉米的功率大一倍。二是换用不同筛孔时，粉碎机的负荷有很大影响。所以9FQ-60型粉碎机使用直径1.2毫米筛孔的筛片时，电机容量为40千瓦，换用直径2毫米筛孔的筛片时，可选用30千瓦电机，直径3毫米筛孔则为22千瓦电机，否则会造成浪费。

e.根据节能情况选择：根据有关部门的标准规定，锤片式粉碎机在粉碎玉米，用直径1.2毫米筛孔的筛片时，每度电的产量不得低于48千克。

②搅拌机：有立式和卧式的饲料搅拌机组，根据粉碎机的产量和自己猪场的规模进行选择。

③提升机：最好选用斗式提升机，用于垂直输送物料，输送高度的范围比较大。

# 第二节　饲料原料

## 102. 饲料原料分几类？

（1）**能量饲料**　指干物质中粗纤维含量低于18%，同时粗蛋白含量低于20%的谷实类、糠麸类、草籽树实类、淀粉质的块根、块茎和瓜菜类等饲料。常用能量饲料有：

①玉米：粗蛋白含量8%~9%，消化能14.27兆焦/千克，籽粒中所含淀粉甚丰富，粗脂肪含量亦较高，是最重要的高能量精料。但缺乏赖氨酸、蛋氨酸与色氨酸三种必需氨基酸。在世界饲用谷物（玉米、大麦、燕麦、高粱、稻谷）中约占饲用谷物总量的

50%左右。

②小麦：蛋白含量和品质都较玉米高，能量与玉米接近，适口性较玉米好，生长育肥猪使用，可减少黄脂肪，提高猪肉品质。一般粗蛋白13.9%，消化能14.18兆焦/千克。与玉米相比，小麦蛋白质及维生素含量较高，但是生物素的含量及利用率较低，作为主要原料代替玉米时应注意补充生物素，小麦也缺乏赖氨酸，应适当补充。小麦含有抗营养因子戊聚糖、植酸磷等，猪不能消化吸收，经粪便排出体外，会污染环境。此外，小麦易感染赤霉菌，可引起猪急性呕吐。用于乳猪一般以粉状为好，用于中大猪一般以碎粒较好，否则适口性较差。

③米糠：糙米加工成白米时分离出的种皮、糊粉层与胚三种物质的混合物，其营养价值视白米加工程度不同而异。其干物质含粗灰分11.9%、粗纤维13.7%，这是不利方面；但含粗蛋白13.8%、粗脂肪14.4%则是其优点，但这些粗脂肪中不饱和脂肪酸含量高，所以不易贮藏，容易因氧化而酸败。同时其钙磷比例不合适，为1∶22；由于含油脂较多，给动物饲喂过多，易致下泻。一般控制在15%以下，可选用经过处理的脱脂米糠或使用新鲜米糠较为安全。

④麦麸：是小麦加工成面粉的副产物，由小麦种皮、糊粉层、少量胚芽和胚乳组成。出麸质量和数量随加工过程而定，其粗纤维高达8.5%~12.0%。蛋白质含量高达12.5%~17.0%，质量也高于小麦，含有0.67%赖氨酸。但蛋氨酸含量很低，只有0.11%，最大缺点是钙磷不平衡，为1∶8，配合日粮时需特别注意钙的补充。麦麸的优点在于蓬松性可调节饲料的容重，轻泻性可以调节消化道的机能，但要注意麦麸吸水性强，易造成便秘。

麦麸水分不超过13%，用量为饲料总量的10%~15%，最多不超过20%。

**（2）蛋白质饲料**　指干物质中粗纤维含量低于18%，同时粗蛋白含量为20%及其以上的豆类、饼粕类和动物性饲料。常用蛋白质饲料有：

①豆粕　豆粕是最常用的蛋白质饲料，由于用量较大，其质量的轻微变异都可能导致严重的后果。大豆粕是大豆籽粒经压榨或溶剂浸提油脂后，再经适当热处理与干燥后的产品，粗蛋白含量为44%。大豆粕呈片状或粉状，有豆香味，不应有腐败、霉坏或焦化等味道，也不应该有生豆腥味。可通过外观颜色及壳粉比例概略判断其品质。若壳太多，则品质差，颜色浅黄表示加热不足，暗褐色表示热处理过度，品质较差。

配合饲料中豆粕一般占饲料总量的10%~25%。

②菜籽饼（粕）　是菜籽提取大部分油后的残留部分，蛋白质的含量相对高，为36%左右。加工工艺有溶剂浸提法与压榨法，一般溶剂浸提法中没有高温高压，饼粕中除油脂被提走大部分外，其他物质的性质与原料相比，差异不显著。而压榨法中，由于高温高压过程常常导致蛋白质变性，特别是对植物蛋白质中最缺乏的赖氨酸、精氨酸之类的碱性氨基酸损害最甚，从而使消化率与生物学价值降低。但另一方面，高温高压又使饼（粕）中有毒物质-芥子甙（芥子甙在芥子酶作用下可生成硫氰酸盐、异硫氰酸盐、噁唑烷硫酮等促甲状腺肿毒素）部分变成无毒。

菜籽饼（粕）水分含量不应超过10%。由于价格较低，一般掺假较少，但需要注意的是自身的质量和毒性。因此菜籽饼作饲料要先脱毒，配合饲料中菜籽饼添加量要低于10%，一般为3%~5%。

③鱼粉　是优质的动物性蛋白质饲料，它是各种鱼体的整个或部分经加工、干燥和粉碎制成的产品。含脂肪越少，质量越好。含水量约10%，蛋白质40%~70%不等。进口鱼粉的蛋白质含量一般在60%以上，国产鱼粉约50%。鱼粉粗灰分含量高。鱼粉也是掺假最多的一种原料。常见的掺假方式主要有：以增加鱼粉重量为目的而掺入豆粕、菜籽粕、棉粕、花生粕等；以增加总氮为目的掺入非蛋白氮如尿素、氯化铵、二缩脲和磷酸脲等；以低质动物蛋白质掺入鱼粉中，如掺入羽毛粉、毛发粉、血粉、皮革粉和肉粉等；以低质

或变质鱼粉掺入好的鱼粉，特别是进口鱼粉中，这种现象较严重。

鱼粉用量占猪配合饲料总量的4%~8%，注意钙、磷比例。

④蚕蛹 蚕蛹蛋白质含量高，约56%，含赖氨酸约3%，蛋氨酸约1.5%，色氨酸高达1.2%，比进口鱼粉高出一倍，含水量低于10%，含丰富的磷，含磷量为钙的3.5倍，B族维生素也较丰富。因此，蚕蛹是优质蛋白质、氨基酸的来源，因其脂肪含量高，脂肪中不饱和脂肪酸高，易变质、氧化、发霉和恶臭。用量一般3%~5%。

**（3）矿物质饲料** 包括工业合成的、天然的单一的矿物质、多种混合的矿物质以及配有载体或赋形剂的痕量、微量、常量元素的饲料，其中需要量最多的是氯、钠、钙和磷。常用矿物质饲料有：

①磷酸氢钙 白色粉末状，流动性好，无结块，磷含量≥17%，钙为21%~23%，氟≤0.18%，水分≤3%。如果检测水分＞3%，磷含量＜16%，钙＜20%，氟＞0.18%，都是不合格产品，不能采购。

②钙粉 因为来源容易，很少掺假，只需注意杂质的控制。

③食盐 主要成分是NaCl。一般食盐中NaCl含量应在99%以上，若属精制食盐应在99.5%以上。有粉状，也有块状。钠离子和氯离子在体内主要与离子平衡，维持渗透压有关。NaCl可使体液保持中性，也有促进食欲，参与胃酸形成的作用。食盐采购必须到当地盐业公司办理购盐证，根据需要采购。

**（4）添加剂** 饲料添加剂是指在饲料生产加工和使用过程中添加的少量或微量物质。

选用建议：因这类饲料要求加工的质量高，一般设备达不到工艺要求，质量不易控制，建议使用正规的、上规模、上档次的厂家，选用质量合格的成品。同时注意产品符合《饲料和饲料添加剂管理条例》各项要求。

## 103. 怎样选择、采购和验收饲料原料？

**（1）选择饲料原料**

①注意原料的种类和数量 原料品种应多样化，以利发挥

各种原料之间的营养互补作用。常用猪饲料的比例为，谷物类占50%~70%，糠麸类占10%~20%，豆粕、豆饼占15%~20%，有毒性的饼、粕如棉籽饼粕及菜籽饼等应小于10%，种猪不宜使用棉籽饼粕。动物蛋白质饲料如鱼粉、蚕蛹粉等占3%~7%，草粉、叶粉小于5%，贝壳粉或石粉占3%~3.5%，骨粉或磷酸氢钙占2%~2.5%，食盐小于0.5%。同时要重视经济性原则，本着因地制宜、就地取材的原则，充分利用当地资源。

②注意原料的特性　要掌握原料的有关特性，如适口性，饲料中有毒有害成分的含量，以及饲料的污染、有无霉变等情况。适口性差、含有毒素的原料用量应有所限制。严重污染、霉变的原料不宜采用。

③注意原料的体积　为了确保猪只能够吃进每天所需要的营养物质，所选原料的体积必须与猪消化道容积相适应。如果体积过大，猪只一天所需的饲料量吃不完，从而造成营养物质不能满足需要，同时还会加重消化道的负担；若体积过小，虽然营养物质得到满足，但猪只没有饱感，表现烦燥不安，影响生长发育。

④原料混合要均匀　各种原料必须混合均匀，才能保证猪只吃进所需的各种营养物质。特别是添加预混料时，如混合不均匀，容易造成猪只药物或微量元素中毒。

⑤加工调制要合理　除麦麸、米糠、鱼粉、骨粉、蚕蛹粉等粉状原料外，玉米、豆类、稻谷、大麦、小麦等籽实类原料都应当粉碎，生大豆不能直接喂猪，必须炒熟或煮熟才能使用。

**（2）采购饲料原料**

①对经常合作的供应商采取评比制度（到货时间是否准时、到货数量是否正确、到货的品质是否正常）。

②按照评比的等级选择合适的供应商。

③对于采购的原料采取抽验方式。

**（3）验收饲料原料**

①现场接收：原料到场后，按照国家相关规定感官检查原料的

气味、色泽、形状、有无发热发霉、有无污染和虫害情况。感官检验合格后，安排卸货。卸货过程中，装卸人员要观察原料的质量，发现异常立即剔除，并报告品管员。品管员在卸货过程中应不定时监视原料质量情况。品管员要充分利用眼、鼻、口、耳、手对原料的外观、色泽、形状等进行感官评定，

②原料取样：在袋装原料中取样，对编制袋包装的散状原料，用取样器从口袋上下部位取样；大量颗粒、散装粉料或车装原料的取样，根据不同批号、深度、层次和位置，分别进行点位取样，一般取样不少于10个点位，原始样品每样1千克；液体原料的取样，采用虹吸法，混合均匀后分上、中、下三层用吸管取样3毫升；饼类饲料的取样，大块油饼每批至少选取有代表性的样品25片，粉碎后重复混合作为原始样品。根据所取样品，依据相关标准进行送样或自行检验。

③结果评定：根据检验结果对原料进行判断，分为合格、不合格、降价接收和退货处理等情况。

## 104. 怎么检验饲料原料的品质？

（1）**触觉判断** 检测者可将手伸入一袋饲料原料中，如果原料是干燥的，在袋子的里层和外层不会感到任何的温度差异；如果原料的水分含量高，那么在冬季会感到袋子中心处的原料比外层的原料热，在夏季您会感到袋子中心处的原料比外层的原料凉。

（2）**味觉判断** 通过味觉，可以判断原料的新鲜程度。新鲜的原料口感较好，而储存一定时间后，其中的油脂由于游离脂肪酸的存在会酸败，导致口感极差。

通过牙咬和品尝饼粕，能够分辨出饼粕的新鲜程度、酸败程度、霉变程度和掺杂程度。目前，绝大多数饼粕掺有米糠、蓖麻籽、棉籽和其他廉价的榨油种籽。采用显微镜、咀嚼、品尝、辨别颜色和气味的方法能够分辨出绝大多数掺入物。通过牙咬和咀嚼原料或饼粕，很容易判断出其中的水分含量，干的饲料原料咬起来应

该是又脆又硬且易碎。如果鱼粉、碎米等原料中掺杂有沙子、碎石，咀嚼起来会感到牙碜。

（3）**眼睛观察** 检查时要注意原料的自然颜色、掺杂物含量、霉菌生长情况、结块情况、虫咬情况和任何其他异常情况，使用这些发霉结块的原料会导致低投入产出比和高死亡率。发霉的原料会变绿、变灰或变黑。过期或不当的贮存、原料的水分过高会导致结块和霉菌生长。榨油后的坚果饼粕中掺有米糠或其他廉价果实，鱼粉中掺有虾头、蟹壳、贝壳等的粉末，都能通过仔细的观察和显微镜来发现。由于含油少易保证质量，浅色的鱼粉比暗色的鱼粉好。

简单的化学制品和试剂能区分饲料原料。例如将浓度为2.5%的钼酸铵溶液加入到饲料原料中，晃动后没有沉淀，说明其中可能混有碳酸钙或碳酸钠；如果没有晃动就产生黄色沉淀，说明其中可能混有磷酸盐、骨粉或磷酸二氢钙；如果将浓度为1%的硝酸银溶液加入到饲料原料中，产生白色沉淀，说明其中混有氯化物；如果不产生沉淀，说明其中没有氯化物；将蒸馏水加入到饲料原料中，溶液变白，说明其中混有乳产品。

对于米糠、鱼油、油料籽、肉粉、蚕蛹粉、脂肪、油脂和其他含油丰富的饲料原料，由于过期或不正确的贮存会产生酸败，通过嗅觉能够分辨。如果原料有霉味，说明其中有霉菌生长。肉粉中掺有皮革废弃物、毛发粉或蚕蛹粉，会有一种强烈的皮革味或动物脂肪酸败的气味。

（4）**注意倾听** 干燥的原料和鱼粉在手中晃动时有一种干的、脆的、类似金属的声音，而水分含量高的原料和鱼粉会有低沉的声音。干燥的原料流动性好，干的鱼粉易散不易成形。

（5）**判断豆粕烘炒的程度** 豆粕是世界范围内饲料中重要的蛋白质来源。它含有极好的氨基酸，但也含有微量影响消化吸收的胰蛋白酶抑制剂之类的毒素。通过加热（主要是烘炒）可以破坏这些毒素。有一种快速现场检测方法可以检测大豆的烘炒程度。美国豆粕协会和其他机构为这种快速现场检测方法提供一种含有甲酚红＋

尿素+百里酚蓝+丙三醇的混合试剂，将样品在培养皿或光滑的白纸上均匀地摊成薄薄的一层，把混合试剂喷到样品上，如烘炒不够，豆粕微粒在1分钟内很快变红；如烘炒程度合适，仅有10%微粒变成红色，而且变红速度很慢；如烘炒过度，则没有微粒变红。

现场检测存在一定的不足，例如，精确度有限，需要丰富的经验才能正确判断质量；一旦产生争论，感观检查和其他现场测试的结果不易被接受；检测结果无法形成正规检测报告等。但现场检测的优点还是明显的，快捷、简便、直观、省时，成本低，使昂贵的实验室设备和技术的费用降至最低。类似掺杂、酸败、虫咬、结块、发霉和其他损坏等问题通过感观检查能很容易地查出来。因此，几项简单的现场检测能够避免复杂的实验室检验全过程，不仅在开始购买原料时是必不可少的，而且在决定是否将样品送到实验室检验时也是必需的，并最终能决定采用哪些现场检测方法来完成检测。

## 105. 怎样保管饲料原料?

**（1）装卸工序的控制**

①装卸工装卸原料时接受仓库管理员的管理。

②装卸工在装卸时不能用手钩去搬运。在搬运过程中要轻拿轻放，注意包装的封口是否结实，包装有无破损。发现上述情况即时就地解决。

③装卸工不得损坏标识。

④装卸完成后清理现场，打扫清洁卫生。

**（2）贮存工序的控制** 对贮存场所的环境达到以下要求：

①简易仓库：临时存放稳定性强的原料的场所，如石粉等，要求地面不积水，防雨。

②大宗原料库：存放玉米、豆粕、棉粕、麦麸等大宗原料的场所，要求能通风，防雨，防潮，防虫，防鼠及防腐等。

③添加剂原料库：存放微量元素、维生素、药品添加剂等原料

的场所，除能通风，防雨，防潮，防虫，防鼠及防腐外，还要求防高温，避光。

④每日工作完毕后要对各个仓库进行清扫，整理和检查，发现问题及时处理。定期对原料贮存场所进行消毒。

（3）**贮存场所的原料验收**

①原料入库前要进行下列检查：包装是否完整，有无破损，实物和包装标识内容与合同是否相符，有无检验合格单等。

②不符合质量或待检的原料，由原料保管做出明显标记，隔离并妥善保管。

③入库原料的堆放要求。原料不宜堆放过高、原料堆不应太大。

④原料入库要放至不同库房，分类垛放，下有垫板，各垛间应留有间隙，并做好原料标签，包括品名、时间、进货数量、来源，并按顺序垛放。

（4）**原料出入库的管理和检查**

①对入库原料建立完整的账、卡、物管理制度。原料保管员对所有的出入库原料按照规定手续进行登记，清点和变更，每月盘点一次，做到账物相符。

②严格执行先进先出的原则。生产员领料时，要对领料凭证进行确认无误时方可发放，领发人员双方签字。

③原料保管员每星期检查一次库房，检查时要做好各项记录。若发现原料受潮、发霉或被虫、鼠损坏等而影响原料品质时，要立即采取有效措施处理，不能处理的上报有关人员。

# 第三节　饲料配方

## 106. 什么是饲料配方？猪配方料的种类有哪些？

饲料配方是指通过不同饲料原料的最优组合来满足动物的营

养需求 。例如用豆粕、玉米和其他原料以一定的比例混合加工成饲料来饲喂猪，保证猪本身的生长发育繁殖等对能量、蛋白质等的需求。同时，除保证猪能正常生长外，还需要达到养殖者的其他要求，如长得快、花钱少、收益大。因此，人类就想方设法地人为设计和组合提供给动物需要的营养物质量，来达到一定的目的。

猪配方料的种类主要有哺乳仔猪料、保育仔猪料、肥猪料、哺乳母猪料、怀孕母猪料、空怀母猪料、种公猪料等。

## 107. 日粮配制的步骤有哪些?

日粮是指满足1头猪1天（一昼夜）所需各种营养物质而采食的各种饲料总量。配制日粮必须提供足够的能量、蛋白质、矿物质、维生素以及满足各个阶段的每日需要量。

（1）饲养阶段的划分　一般将猪的生长按以下阶段划分：哺乳仔猪、断奶仔猪、生长猪、肥育猪和种猪（后备母猪、妊娠母猪、哺育母猪、公猪）。

（2）营养需要的确定　根据不同品种、不同阶段饲养标准，综合考虑饲养环境、饲养方式确定营养需求，通常在计算营养需求量时必须加上一定的安全系数。

（3）原料选择和需要　原料的选择是生产优质配合饲料的前提，选择原料应注意以下事项：第一便于采购；第二原料价格合理；第三原料价值、质量保障；第四适口性好；第五根据日粮中的使用量确定采购量。

（4）原料成本确定　在为猪饲料选择原料时，最重要的因素是原料成本，几种原料可以提供所需的营养需要，但价格有差异。而这种价格每天、每月、每季度都在变动，所以必须清楚地知道价格变化，才能制定最经济的饲料配方。

（5）日粮配制　配制日粮的主要目的是按一定的比例把饲料原料制成混合料。日粮配制通常有以下几种方法：视差法、交叉法、皮尔逊正方法、代数方程法和计算机配制法。

## 108. 常用饲料配方手工设计方法有哪些?

（1）**视差法** 先拟定配方→计算养分含量→反复调整→满足要求。

[例]用玉米、麸皮、豆饼、棉籽饼、菜籽饼、石粉、磷酸氢钙、食盐、微量元素及维生素预混料，配合20~35千克生长肥育猪的日粮。

①查饲养标准：当前常用的猪饲养标准一是我国《猪饲养标准》（中华人民共和国农业行业标准，NY/T 65—2004），二是美国国家研究委员会（NRC）的猪的营养需要和饲养标准（简称NRC标准），三是英国猪的营养需要和饲养标准（简称ARC标准）。NRC和ARC是世界上影响最大的两个猪饲养标准，被很多国家和地区采用或借鉴。

本例从NRC1988查得20~35千克生长肥育猪的饲养标准，见表5–1。

表5–1 20~35千克生长的饲养标准

| 项目 | 消化能（兆焦/千克） | 粗蛋白（%） | 钙（%） | 总磷（%） | 赖氨酸（%） | 蛋+胱氨酸（%） |
|---|---|---|---|---|---|---|
| 指标 | 12.78 | 15.0 | 0.7 | 0.6 | 0.8 | 0.48 |

②查原料营养成分：据饲料营养成分表查出所用各种饲料原料的营养成分见表5–2。

表5–2 所用各种饲料原料营养成分

| 指标 | 玉米 | 麸皮 | 豆饼 | 棉籽饼 | 菜籽饼 | 石粉 | 磷酸氢钙 |
|---|---|---|---|---|---|---|---|
| 粗蛋白（%） | 8.5 | 15.5 | 44 | 36.8 | 38 | — | — |
| 消化能（兆焦/千克） | 14.31 | 9.02 | 13.47 | 11.42 | 11.30 | — | — |
| 钙（%） | 0.03 | 0.13 | 0.3 | 0.2 | 0.68 | 38 | 26 |
| 总磷（%） | 0.28 | 1.16 | 0.65 | 0.71 | 1.17 | — | 18 |
| 赖氨酸（%） | 0.25 | 0.56 | 2.90 | 1.51 | 1.27 | | |
| 蛋氨酸+胱氨酸 | 0.4 | 0.41 | 1.18 | 1.31 | 1.15 | — | — |

③初拟配方：按能量和蛋白质的需求量初拟配方，根据饲料配方实践经验和营养原理，初步拟出日粮中各种饲料的比例。

根据经验和生产实际，生长猪配合饲料中各种饲料的比例一般为：能量饲料65%~75%，蛋白质饲料15%~25%，矿物质饲料和预混料一般为3%，其中维生素和微量元素预混料一般为1%。

据此，先初步拟定蛋白质饲料的用量，按占饲料的17%估计，棉籽饼和菜籽饼的适口性差并含有有毒物质，占日粮一般不超过8%，暂定为棉籽饼3%，菜籽饼4%，则豆饼可拟为10%；矿物质饲料和预混料拟按3%；则能量饲料为80%，拟麸皮为10%，则玉米为70%。见表5-3。

**表5-3　初步拟定的配方（%）**

| 原料 | 配比 |
| --- | --- |
| 玉米 | 70 |
| 麸皮 | 10 |
| 豆饼 | 10 |
| 棉籽饼 | 3 |
| 菜籽饼 | 4 |
| 石粉 | 1.1 |
| 磷酸氢钙 | 0.6 |
| 食盐 | 0.3 |
| 预混料 | 1 |

④初拟配方的营养成分：配方中的比例（表5-3）乘以相应的营养成分含量（表5-2）得初拟配方营养成分含量，结果见表5-4。

**表5-4　初拟配方养分含量**

| 原料 | 配比（%） | 消化能（兆焦/千克） | 粗蛋白（%） | 钙（%） | 总磷（%） | 赖氨酸（%） | 蛋氨酸+胱氨酸（%） |
| --- | --- | --- | --- | --- | --- | --- | --- |
| 玉米 | 70 | 10.017 | 5.95 | 0.021 | 0.196 | 0.175 | 0.280 |
| 麸皮 | 10 | 0.902 | 1.55 | 0.013 | 0.116 | 0.056 | 0.041 |

（续）

| 原料 | 配比(%) | 消化能(兆焦/千克) | 粗蛋白(%) | 钙(%) | 总磷(%) | 赖氨酸(%) | 蛋氨酸+胱氨酸(%) |
|---|---|---|---|---|---|---|---|
| 豆饼 | 10 | 1.347 | 4.40 | 0.030 | 0.065 | 0.290 | 0.118 |
| 棉籽饼 | 3 | 0.346 | 1.10 | 0.006 | 0.021 | 0.045 | 0.039 |
| 菜籽饼 | 4 | 0.452 | 1.52 | 0.027 | 0.047 | 0.051 | 0.046 |
| 石粉 | 1.1 | — | — | 0.418 | — | — | — |
| 磷酸氢钙 | 0.6 | — | — | 0.156 | 0.108 | — | — |
| 食盐 | 0.3 | | | | | | |
| 预混料 | 1 | | | | | | |
| 总量 | 100 | 13.06 | 14.52 | 0.67 | 0.55 | 0.62 | 0.52 |
| 标准 | | 12.78 | 15 | 0.7 | 0.6 | 0.8 | 0.48 |
| 与标准相差 | | 0.28 | -0.48 | -0.03 | -0.05 | -0.18 | 0.04 |

⑤调整营养成分：由以上计算可知，日粮中消化能浓度比饲养标准高0.28兆焦/千克，粗蛋白低0.48%，需用蛋白质较高的饼粕类饲料原料来代替能量较高的玉米进行调整。而蛋白质饲料中的棉籽饼、菜籽饼的用量已经因为其适口性和含毒性物质确定了用量，不宜再提高比例，所以应用豆饼替代玉米：每使用1%的豆饼替代玉米可使能量降低14.309-13.472=0.837兆焦/千克，粗蛋白提高0.44-0.085=0.355（%）；要使日粮的粗蛋白质达到15%，需要增加豆饼的比例为0.47/0.355=1.32%，玉米相应降低1.32%。

调整后，重新计算日粮各种营养成分的浓度，见表5-5：

表5-5 第一次调整后的日粮组成和营养成分

| 原料 | 配比(%) | 消化能(兆焦/千克) | 粗蛋白(%) | 钙(%) | 总磷(%) | 赖氨酸(%) | 蛋氨酸+胱氨酸(%) |
|---|---|---|---|---|---|---|---|
| 玉米 | 68.68 | 9.828 | 5.838 | 0.021 | 0.192 | 0.172 | 0.275 |
| 麸皮 | 10 | 0.902 | 1.55 | 0.013 | 0.116 | 0.056 | 0.041 |
| 豆饼 | 11.32 | 1.525 | 4.981 | 0.034 | 0.074 | 0.328 | 0.134 |
| 棉籽饼 | 3 | 0.343 | 1.104 | 0.006 | 0.021 | 0.045 | 0.039 |

（续）

| 原料 | 配比<br>(%) | 消化能<br>（兆焦/千克） | 粗蛋白<br>(%) | 钙<br>(%) | 总磷<br>(%) | 赖氨酸<br>(%) | 蛋氨酸+胱氨<br>酸（%） |
|---|---|---|---|---|---|---|---|
| 菜籽饼 | 4 | 0.452 | 1.52 | 0.027 | 0.047 | 0.051 | 0.046 |
| 石粉 | 1.1 | — | — | 0.418 | — | — | |
| 磷酸氢钙 | 0.6 | — | — | 0.156 | 0.108 | — | |
| 食盐 | 0.3 | | | | | | |
| 预混料 | 1 | | | | | | |
| 总量 | 100 | 13.05 | 14.99 | 0.68 | 0.56 | 0.65 | 0.54 |
| 标准 | | 12.78 | 15 | 0.7 | 0.6 | 0.8 | 0.48 |
| 与标准相差 | | 0.27 | −0.01 | −0.02 | −0.04 | −0.15 | 0.06 |

⑥调整后，能量和粗蛋白质已达到标准值，钙、磷、赖氨酸都低于标准值。可以想象，只需对石粉和磷酸氢钙的用量稍加提高即可满足钙、磷的需要。赖氨酸的不足可以通过添加赖氨酸添加剂来满足。同时相应降低玉米的用量，以使总百分数为100%，这样能量浓度可得到进一步下降。蛋氨酸和胱氨酸的含量稍高于标准值，由于不可能将多余的氨基酸除去，且超出的不多，可以不做进一步的调整。调整后的配方见表5-6。

**表5-6　第二次调整后的日粮配方和营养成分**

| 原料 | 配比（%） | 营养成分 | 含量 | 与标准的差 |
|---|---|---|---|---|
| 玉米 | 68.34 | 消化能（兆焦/千克） | 13.0 | 0.22 |
| 麸皮 | 10 | 粗蛋白（%） | 15.10 | 0.01 |
| 豆饼 | 11.32 | 钙（%） | 0.72 | 0.02 |
| 棉籽饼 | 3 | 总磷（%） | 0.62 | 0.02 |
| 菜籽饼 | 4 | 赖氨酸（%） | 0.80 | 0 |
| 石粉 | 1 | 蛋氨酸+胱氨酸（%） | 0.53 | 0.05 |
| 磷酸氢钙 | 0.9 | | | |
| 食盐 | 0.3 | | | |
| 预混料 | 1 | | | |
| 总量 | 100 | | | |

第二次调整后，所有指标均达到或超过了标准，可以不再调整，如需更精确，可以类似的方法进行微调。

**（2）交叉法**

[例1] 用能量饲料（玉米、麸皮）和含粗蛋白质33%的浓缩饲料配制哺乳母猪日粮。

配方设计：

查：玉米粗蛋白质8.7%，麸皮粗蛋白质16.6%。

一般玉米占能量饲料的70%，麸皮占30%，其混合物的粗蛋白含量为10.8%。

混合物：10.8%（33% − 17.5%）　　　　　　15.5%

17.5%

浓缩饲料33%（17.5% − 10.8%）　　　　　　6.7%

能量饲料混合物占配合饲料的比例 $= \dfrac{15.5\%}{15.5\%+6.7\%} \times 100\% = 69.82\%$

浓缩饲料占配合饲料的比例 $= \dfrac{6.7\%}{15.5\%+6.7\%} \times 100\% = 30.18\%$

计算玉米、麸皮各占配合饲料的比例：

玉米 69.82% × 70% = 48.87%

麸皮 69.82% × 30% = 20.95%

因此，最终得出哺乳母猪日粮配方为：玉米48.87%，麸皮20.95%，浓缩饲料30.18%。

[例2] 选用NRC标准，以豆粕、玉米、乳清粉、鱼粉作为所配饲料原料，设计饲粮浓度为可消化能14.18兆焦，粗蛋白质20%，钙0.80%，磷0.65%，有效磷0.4%，赖氨酸1.15%的基础饲料配方。

①查饲料营养价值表，见表5-7。

表5-7 营养价值表

| 原料名称 | DE (兆焦/千克) | CP (%) | Ca (%) | P (%) | 有效磷 P (%) | 赖氨酸 (%) |
|---|---|---|---|---|---|---|
| 玉米 | 14.27 | 8.70 | 0.02 | 0.27 | 0.12 | 0.24 |
| 豆粕 | 13.74 | 46.8 | 0.31 | 0.61 | 0.17 | 2.81 |
| 乳清粉 | 14.39 | 12.0 | 0.87 | 0.79 | — | 1.10 |
| 鱼粉 | 12.47 | 62.8 | 3.87 | 2.76 | 2.76 | 4.90 |

②确定精料所占比例

计算微量元素添加比例，一般为1%~0.5%。

确定维生素用量一般为0.3%~0.15%。为方便起见，取0.5%。

食盐用量为0.25%。

其他物质2%。

共计：3.75%，取4%，则能量、饲料所占比例共计：96%。

③确定能量指标（玉米、鱼粉）的用量比例

将饲料分组满足一个指标，如：

玉米　14.27　　　　　1.71

14.18

鱼粉　12.47　　　　　0.09

以这一比例组合的粗蛋白质含量为：

$$粗蛋白 = \frac{1.71}{1.71+0.09} \times 8.7 + \frac{0.09}{1.71+0.09} \times 62.8 = 11.41$$

豆粕　13.74　　　　　0.21

14.18

乳清粉　14.39　　　　　0.44

以这一比例组合的料粗蛋白质含量为：

$$粗蛋白 = \frac{0.21}{0.21+0.44} \times 46.8 + \frac{0.44}{0.21+0.44} \times 12.0 = 23.24$$

各种原料所占比例为：

玉米：$\dfrac{1.71}{1.8} \times 26.27\% = 25.4\%$

鱼粉：$\dfrac{0.09}{1.8} \times 26.27\% = 1.3\%$

豆粕：$\dfrac{0.21}{0.65} \times 69.70\% = 22.5\%$

乳清粉：$\dfrac{0.44}{0.65} \times 69.70\% = 47.18\%$

最终得到基础配合饲料的组成为：玉米25.4%，鱼粉1.3%，豆粕22.5%，乳清粉47.2%，食盐0.25%，其他物质3.6%。

**（3）代数法**

[例]　原料有玉米含粗蛋白8.7%，豆粕含粗蛋白43%，要求配制含粗蛋白16%的混合饲料。

设：需玉米为X%，需豆粕Y%，则

$$X + Y = 100$$

$$0.087X + 0.43Y = 16$$

解方程组，得：X = 78.9　　　　　Y = 21.1

因此，配制含CP为16%的混合饲料配方：

玉米79.9%，豆粕21.1%。

饲料生产企业应根据自己的需求选择经济适用的配方软件。此外，一些办公软件如Excel也是非常好的饲料配方系统。

## 109. 计算机设计饲料配方有哪些软件系统?

计算机在饲料工业的应用越来越普及，前述几种手工计算方法已经很少使用。借助计算机，营养学家能够考虑使用更多的营养参数，例如氨基酸、矿物质、维生素等，同时要考虑各种营养的比例（如氨基酸与能量）。计算机配方日粮又称为低成本日粮，因为它选择能用的饲料，采用最低的成本。国内目前有许多饲料配方软件系统，如Brill饲料配方系统、Format饲料配方系统、资源饲料配方系统等。有的价位很高，有的价位很合理，有的符合我国的饲料行业特点，有的在目前不一定合适，或有的适用于专门化的饲料生产企业，有的则适用于饲料生产与养猪。

### 110. 不同阶段猪只饲料配方示例有哪些?

（1）**仔猪** 玉米42%，豌豆8%，胡豆10%，花生饼27%，麦麸10%，磷酸氢钙1.5%，碳酸钙1.0%，食盐0.5%。

（2）**育肥猪前期（35~70千克）** 玉米39.0%，麦麸15.0%，统糠13.27%，小麦9.0%，豌豆1.0%，胡豆1.0%，菜子饼13.0%，蚕蛹7.0%，磷酸氢钙0.85%，碳酸钙0.48%，食盐0.4%。

（3）**育肥猪后期（70~100千克）** 玉米27.0%，麦麸28.0%，小麦7.0%，碎米5.0%，菜子饼10.0%，统糠5.0%，红苕藤糠16.0%，磷酸氢钙1.5%，食盐0.5%。

（4）**妊娠母猪** 玉米54.7%，麦麸24.0%，大豆8.0%，胡豆9.0%，预混料4.0%，食盐0.3%。

（5）**泌乳母猪** 玉米50.0%，麦麸16.7%，大豆19.0%，胡豆10.0%，预混料4.0%，食盐0.3%。

（6）**种公猪** 玉米60.7%，麦麸12.0%，大豆13.0%，胡豆10.0%，预混料4.0%，食盐0.3%。

# 第四节 饲料配制

### 111. 饲料配合的方法及工艺有哪些?

**（1）原料的接收**

①散装原料的接收以散装汽车、火车运输的，用自卸汽车经地磅称量后将原料卸到卸料坑。

②包装原料的接收：分为人工搬运和机械接收两种。

③液体原料的接收：瓶装、桶装可直接由人工搬运入库。

**（2）原料的贮藏** 饲料中原料和物料的状态较多，必须使用各种形式的料仓，饲料厂的料仓有筒仓和房式仓两种。主原料如玉米和高粱等谷物类原料，流动性好，不易结块，多采用筒仓贮存，而副料如麸皮、豆粕等粉状原料，散落性差，存放一段时间后易结块不易出料，采用房式仓贮存。

**（3）原料的清理** 饲料原料中的杂质，不仅影响到饲料产品质量而且直接关系到饲料加工设备安全及人身安全，严重时可致整台设备遭到破坏，影响饲料生产的顺利进行，故应及时清除。饲料厂的清理设备以筛选和磁选设备为主，筛选设备除去原料中的石块、泥块、麻袋片等大而长的杂物，磁选设备主要去除铁质类杂质。

**（4）粉碎** 饲料粉碎的工艺流程是根据要求的粒度，饲料的品种等条件而定。按原料粉碎次数，可分为一次粉碎工艺和循环粉碎工艺或二次粉碎工艺。按与配料工序的组合形式可分为先配料后粉碎工艺与先粉碎后配料工艺。

**（5）配料** 目前常用的工艺流程有人工添加配料、容积式配料、一仓一秤配料、多仓数秤配料和多仓一秤配料等。

①人工添加配料：人工控制添加配料适用于小型饲料加工厂和饲料加工车间。这种配料工艺是将参加配料的各种组分由人工称量，然后由人工将称量过的物料倒入混合机中。因为全部采用人工计量、人工配料，工艺极为简单，设备投资少、产品成本降低、计量灵活、精确。但人工的操作环境差、劳动强度大、劳动生产率很低，尤其是操作工人劳动较长的时间后，容易出差错。

②容积式配料：每只配料仓下面配置一台容积式配料器。

③一仓一秤配料：每个配料仓下配置一个计料秤进行配料。

④多仓一秤配料：多个配料仓共用一个计料秤进行配料。

⑤多仓数秤配料：将所计量的物料按照其物理特性或称量范围分组，每组配上相应的计量装置。

**（6）混合** 可分为分批混合和连续混合两种。

①分批混合：就是将各种混合组分根据配方的比例混合在一起，并将它们送入周期性工作的"批量混合机"分批地进行混合。这种混合方式改换配方比较方便，每批之间的相互混杂较少，是目前普遍应用的一种混合工艺。启闭操作比较频繁，因此大多采用自动程序控制。

②连续混合：是将各种饲料组分同时分别地连续计量，并按比例配合成一股含有各种组分的料流。当这股料流进入连续混合机后，则连续混合而成一股均匀的料流。这种工艺的优点是可以连续地进行，容易与粉碎及制粒等连续操作的工序相衔接，生产时不需要频繁地操作，但是在换配方时，流量的调节比较麻烦，而且在连续输送和连续混合设备中的物料残留较多，所以两批饲料之间的互混问题比较严重。

（7）**熟化** 混合粉料在第一个调制器中加入蒸汽、糖蜜，然后送入熟化器，物料达到定量时，料位器可使送料停止，送入的物料通过熟化器时得到连续的搅拌。经一定时间后被排到制粒机的调质器，再补充添加约1%蒸汽后再调质，进入制粒机。

（8）**调质** 调质是通过蒸汽对混合粉料进行热湿作用，使物料中的淀粉糊化、蛋白质变性、物料软化，以便制粒机提高制粒质量和效果，并改善饲料的适口性和稳定性，提高饲料的消化吸收率。

（9）**制粒**

①环模制粒：调质均匀的物料先通过安装磁铁去杂，然后被均匀地分布在压辊和压模之间。这样物料由供料区、压紧区进入挤压区，被压辊钳入模孔连续挤压，形成柱状的饲料。随着压模回转，被固定在压模外面的切刀切成颗料状饲料。

②平模制粒：混合后的物料进入制粒系统，位于压粒系统上部的旋转分料器均匀地把物料撒布于压模表面，然后由旋转的压辊将物料压入模孔并从底部压出，经模孔出来的棒状饲料由切辊切成需求的长度。

（10）**破碎** 采用先压制大颗粒再用碎粒机破碎成小颗粒，可提高产量近2倍，大幅度降低能耗，提高饲料厂全流程的生产效率。破碎的颗粒经过分级筛，出来合格的产品，不合格的小颗粒送回重新制粒，几何尺寸大于合格产品的颗粒重新回到破碎机中破碎。

（11）**冷却干燥** 在制粒过程中由于通入高温、高湿的蒸汽，同时物料被挤压产生大量的热，使得颗粒饲料刚从制粒机出来时，含水量达16%~18%，温度高达75~85℃，在这种条件下，颗粒饲料容易变形破碎，贮藏时也会产生黏结和霉变现象，必须使其水分降至12%以下，温度降低至不超过气温8℃，这就需要冷却和干燥。选用振动流化床干燥机，在振动电机产生的激振力使机器振动，物料跳跃前进，与床底输入的热风充分接触，达到理想的干燥效果。

（12）**筛分和包装** 干燥冷却的膨化颗粒料经过筛理，将筛下物送回调制器，筛上物符合规格的颗粒送至喷涂机进行油脂、维生素、香味剂的喷涂。喷涂后的产品可以进行包装、入库贮存。

## 112. 怎样控制配合饲料品质?

（1）**粉碎粒度** 粉碎粒度的大小，直接影响到动物的消化吸收、加工成本、后续加工工序和产品质量，控制好物料的粉碎粒度是饲料生产的一个关键环节。

（2）**配料精度** 科学的配方要靠精确的计量和配料来实现。配料精度是决定饲料营养成分含量是否达到配方设计要求的主要因素，直接影响到饲料的质量、成本和安全性。目前普遍采用的配料方式主要有自动配料系统、人工称重配料和人工与自动配料相结合等几种。正确选择高精度配料秤和采取适宜的配料方式是确保配料准确的关键。由于原料配比差异较大，允许配料误差也不相同，应采用大、中、小秤相结合，分别进行配料，"大秤配大料""小秤配小料"，而对于微量成分，采用人工称量添加。计算机控制自动配料时，可采用变频单、双螺旋输送机喂料控制，空中自动修正等技术来减少配料误差；同时要定期检查、检修、校准各种配料秤，并经常检查喂料装置及控制系统的工作情况。

（3）**混合均匀度** 成品饲料均匀与否，是饲料产品质量的关键所在，直接影响动物能否从饲料中获得充足而全面的养分。常用混合均匀度变异系数（CV）来衡量混合物中各种组分均匀分布的程度。目前国家或行业对混合均匀度变异系数的要求一般为：配合饲料 ≤ 10%；浓缩饲料 ≤ 7%；添加剂预混合饲料 ≤ 5%。要保证混合均匀度，必须根据饲料产品对混合均匀度变异系数的要求选择适当的混合机，并依据混合机本身的性能确定混合时间和装料量，不得随意更改。规定合理的物料添加顺序，一般是配比量大的、粒度大的、比重小的物料先加入。要保证混合均匀度还得注意混合机的日常维护保养，定期对混合机进行检查，对混合均匀度进行测定，确保混合机的正常运行。

（4）**颗粒饲料含粉率和粉化率** 含粉率指成品颗粒饲料中粉末（0.6倍颗粒直径以下的）质量占其总质量的百分比，是颗粒饲料中现有含粉情况的说明。该指标主要是为了限制颗粒饲料中实际含粉量。粉化率指颗粒饲料在规定条件下产生的粉末重量占其总重量的百分比，是对颗粒在运输撞击过程中经受震动、撞击、压迫、摩擦等外力后可能出现的破散量的预测，是对颗粒本身质量的说明，可以用来对各种颗粒进行比较。这两个指标代表饲料的不同特性，既有区别又有关联。在工厂产品检验中，是两个不能相互替代的指标。粉化率对饲料质量的影响，会在颗粒饲料投喂前的粉末含量中体现出来。而只有这时的含粉率才会真正影响饲料的利用率，而此时进行饲料质量控制已为时过晚。

（5）**水分含量** 水分含量这一质量指标是确保饲料产品安全贮存的关键。水分含量的高低直接影响着成品的感官指标、卫生指标及储藏的货架期等，还直接影响到饲料的品质及生产厂家的经济效益。水分高了，不但降低饲料的能量，而且不利于保存，存放时间稍长，很容易诱发饲料氧化变质，甚至发霉，从而影响饲料的质量和使用的安全；水分太低，对生产者又造成了不必要的损失，而且忽高忽低的水分含量还造成产品质量的不稳定。国家及行业标准对水分含量有硬性规定，一般在北方要求配合饲料、精料补充料水分含量 ≤ 14%；在南方，水分含量 ≤ 12.5%。符合下列情况之一时可允许增加0.5%的含水量：平均温度在10 ℃以下的季节或从出厂到饲喂期不超过10天者。

**（6）感官指标** 饲料产品的感官评价是最直观的产品质量评价方法。依靠视觉、嗅觉、味觉和触觉等来鉴定饲料的外观形态、色泽、气味和硬度等，把宏观指标不符合产品质量要求者区分出来予以控制。国家标准或行业标准都对饲料产品的感官指标提出了要求。要求饲料色泽、颗粒大小均匀一致，新鲜无杂质，无发酵霉变、结块现象，无异味、异臭，无虫蛀及鼠咬。

## 113. 怎样控制饲料卫生？

### （1）当前猪饲料卫生存在的主要问题

①饲料卫生标准问题 饲料卫生标准是以保证饲料的饲用安全性，即以维护畜禽的健康与生产性能以及不导致畜产品污染为出发点，对饲料中的各种有毒有害物质以法律形式规定的限量要求。它是国家有关行政部门制订或批准颁布，全国都必须遵照执行的对饲料卫生质量的强制性要求。

②饲料卫生质量监督体系及其工作问题 从当前的情况看，存在的问题是饲料质量监测机构对饲料质量的监督检验工作主要集中在营养成分指标和加工指标方面，而对卫生指标仅仅开展了少数几个项目的监测，且未形成经常化、制度化。出现上述问题的原因，一方面是饲料卫生标准和检测方法标准的制订工作进程较缓慢，难以满足饲料质量监测机构开展此方面工作的需要。另一方面是对有关饲料卫生的专业知识及饲料卫生质量不良所造成的危害性宣传不够，因而还未引起人们对饲料卫生质量的足够重视。

③不法企业在生产中违反相关法律法规

a.在饲料生产和养殖过程中添加使用违禁药品，导致"饲料卫生事件"时有发生，给人体健康带来严重威胁。

b.不按规定使用饲料药物添加剂。不少饲料企业和畜禽养殖场（户）不严格执行规定，超出使用品种、超限量添加药物添加剂，由此导致饲料中的药物成分在畜产品中蓄积，引起动物菌群失调、产生耐药性、抑制动物的免疫力、继发二次感染。同时使用的大量药物通过食物链被人体吸收，对人体产生不良影响，并对环境造成污染。

c.过量添加微量元素添加剂。在饲料中添加铜、锌和砷等微量元素，可以促进动物生长、提高动物的生产性能。但是，过量添加微量元素造成在畜禽肝脏等组织沉积。引起畜禽中毒，影响畜产品安全。同时大量未被吸收的微量元素随粪尿排泄到体外，严重污染环境，危害人类健康。

**（2）解决猪场饲料卫生的主要措施**

①加强生产管理 完善自身管理体系，提高产品的安全卫生质量合格率。确保饲料原料和配合饲料产品的安全。

②强化设施、设备的卫生管理 机械设备及器具要能长期保持防污染，用水的机械、器具要由耐腐蚀材料构成。与饲料及在制品的接触面要具有非吸收性，无毒、平滑。要反复清洗、杀菌。接触面使用药剂、润滑剂、涂层要合乎规定。设备布局要防污染，为了便于检查，清扫，清洗要置于用手可及的地方，必要的话可设置检验台，并设检验口。设备、器具维护维修时，事前作出检查计划及检验器械详单，其计划上要明确记录修理的地方，交换部件负责人，保持检查监督作业及记录。

③完善饲料原料的安全措施

a.严把原料采购入场关。这是保证动物源性饲料产品安全卫生质量的关键。

b.重视原料的贮存。不同原料应分别存放并挂标识牌，避免混杂。

c.禁止露天放置原料。原料贮存场地或仓库要求阴凉、通风、干燥和洁净。

d.原料出库使用要遵循先进先出原则。新鲜原料即使低温贮存也应尽快使用。

e.原料出库使用前应进行筛选，对贮存时因发生异常变化而导致不合格的原料要加以去除并作无害化处理。

④严格控制饲料添加剂的使用　生产中使用饲料添加剂的品种和用量，应符合国家有关饲料添加剂的使用规定。

⑤加强对从业人员的卫生教育　对场内员工进行认真的教育，不用患有可致使饲料生产病原性微生物污染疾病的人从事操作。不要赤手接触制品，必须用外包装。进入生产区域的人要用肥皂及流动的水洗净手。要穿工作服、戴工作帽。考虑到鞋有可能把异物带入生产区域，要换专用鞋。为防止进入生产区域的人落下携带物，要事先取下保管。生产区域内严禁吸烟。

# 第五节　**商品饲料选购**

## 114. 商品饲料有哪些分类?

目前，市场上销售的猪饲料有以下品种：教槽料、哺乳仔猪料、保育仔猪料、肥猪料、哺乳母猪料、怀孕母猪料、空怀母猪料、种公猪料等。

## 115. 怎样选购商品饲料?

饲料在养殖生产中占成本的70%，选购饲料质量的好坏直接关系到养殖业的生产效益。

选购饲料时，不能仅凭外观鉴别饲料优劣，一些农户误认为色好味香就是好饲料。事实上，这种情况往往是因为饲料中添加了黄色素、香味剂及高剂量的铜，以使饲料的色泽更鲜亮。鉴别饲料质量的优劣可参考以下方法：

（1）**看颜色** 某一品牌某一种类的饲料，颜色在一定的时间内相对稳定。由于各种饲料原料颜色不一样，不同厂家有不同配方，因而不能用统一的颜色标准来衡量。但我们在选购同一品牌时，如果颜色差别过大，应引起警觉。

（2）**闻气味** 有些劣质饲料为了掩盖原料变质发生的霉味而加入较高浓度的香精，尽管特别香，但不是好饲料。好的饲料应有大豆、玉米特有的香味。

（3）**看匀细** 正规厂家的优质饲料一般都混合得非常匀细，表面光滑、颗粒均匀、制粒冷却良好，不会出现分极现象。劣质饲料因加工设备简陋，很难保证饲料品质，从每包饲料的不同部位各抓一把，即可比较出区别。

（4）**看商标** 正规厂家包装应美观整齐，厂址、电话、适应品种明确，有在工商部门注册的商标，经注册的商标右上方都有R标注。许多假冒伪劣产品包装袋上的厂址、电话都是假的，更没有注册商标。

（5）**看生产日期** 尽管有些饲料是正规厂家生产的优质产品，但如果过了保质期，难免变质。应选购包装严密、干燥、疏松、流动性好的产品。如有受潮、板结、色泽差，说明该产品已有部分变质失效，不宜使用。

（6）**了解售后服务质量细则** 饲料生产厂家的售后服务包括他们对饲料的养殖效益和由饲料本身引起的问题所负的责任，以及对非饲料因素引起疾病所提供的义务咨询。

（7）**看饲喂效果** 鉴别饲料的优劣，主要看饲喂后效果如何。选购前，应了解产品的性能、成分、含量、销价以及用途。结合自己所饲养猪的种类、条件、体重、生长发育阶段，尽量优先选择科研单位实验推广应用的产品。购买时做到有的放矢，克服盲目性。

可先小批量试用，若能达到厂家承诺的饲养效果，再大批量购买。一次购买的饲料最好在保质期内喂完。

### 116. 选购商品饲料有哪些注意事项？

（1）在购买饲料前先进行市场调查，然后货比三家进行筛选，做到心中有数。

（2）不偏听厂家销售人员的虚假宣传，导致不辨真伪，随意购买。

（3）选择大的饲料生产企业，因为大的企业设备先进，资金雄厚，技术力量强，研发团队完善，售后服务到位。

（4）选择证照齐全，制度健全，购销台账完善，有固定实体店，口碑好，信誉佳的商家销售的品牌饲料，不购买流动商的饲料。

（5）看饲料外包装。包装结实完整，无泄漏，图案清晰美观，有厂名、厂址、电话；饲料标签完整，标签内容完整，工商注册商标，执行标准，质量检验合格证，二维码，出厂日期，有效期，畜别用途。

（6）看饲料本身。观察饲料颜色和颗粒，色泽是否均匀，有无结块、发霉现象；闻气味，一般较好的饲料有其特定的芳香味，无发霉味、油脂哈喇味，酒糟味、氨气味及其他怪味。尝产品，优质产品（配合饲料居多）香甜可口，不喇喉咙，不苦，无异味。

# 第六节　饲料成品的保存和使用

### 117. 饲料成品保存的原则是什么？

饲料成品的保存要按照饲料品种、类型来保存。同一个品种的饲料要堆码在一块，不要混淆。应储存在阴凉干燥、无阳光直射的地方，以免饲料中的维生素在阳光或高温作用下效价降低或失效。为了防止霉变，要将饲料放在通风的地方，最好不与地面直接接触，可用木头或其他东西先垫一下，然后再放饲料，但也不要码得太高。在梅雨季节或三伏天时以及潮湿不通风的条件下霉菌会大量繁殖，一定要做好饲料的防霉工作。另外，进料要有计划，做到先进先出，后进后出，以免保存期过长，降低维生素的效价。保存饲料的库房，有防鼠害的措施。在饲料运输中要防止雨淋受潮，雨淋后饲料极易发生霉变。

## 118. 饲料成品保存措施有哪些？

（1）**存放地要求** 饲料应存放在通风、防雨、防潮、防虫、防鼠、防腐、防高温、避光、地势高、干燥的地方。

（2）**入库前检查** 饲料入库前要检查包装是否完整、有无破损、实物和包装标识内容和合同是否相符等。

（3）**垛放要求** 饲料要按阶段分类垛放、各垛间应留有间隙、下有垫板、不能靠墙以防潮。

（4）**防潮要求** 在梅雨季节或夏季雨季时、应用塑料薄膜盖好各垛饲料、垫板周围可放些生石灰吸潮。在配制饲料时，也可放些防霉剂（如丙酸钙）防霉。

## 119. 饲料成品保存怎么防止霉变？

饲料成品在保存过程中，主要是防止成品发生霉变和超过保质期。主要有以下几种防止发生霉变的措施：

（1）**干燥防霉** 干燥防霉的基本措施是保持饲料干燥。大多数霉菌的发芽，需要75%左右的相对湿度。当相对湿度达到80%~100%时，霉菌更会迅速生长。因此，夏季保存饲料，必须做到防潮防湿，保持饲料仓库处于干燥环境中，控制相对湿度不高于70%，就能达到防霉要求。当然，及时翻晒饲料原料，以控制饲料原料的含水量，也是必不可少的防霉措施。

（2）**低温防霉** 把饲料的贮藏温度控制在霉菌不宜生长的范围内，也能达到防霉的效果。可以使用自然低温法，即在适当时机合理通风，用冷风降温；也可使用冷冻保存法，将饲料冷冻后隔热密闭，低温或冷冻保存。低温防霉要结合干燥防霉措施，才能取得最好的效果。

（3）**气调防霉**　霉菌生长需要氧气，只要空气中含氧量达到2%以上，霉菌就可以很好地生长，尤其是在仓库空气流通的情况下，霉菌更容易生长。气调防霉通常采用缺氧或充入二氧化碳、氮气等气体，使氧气浓度控制在2%以下，或使二氧化碳浓度增高到40%以上。

（4）**袋装防霉**　使用包装袋贮存饲料，可以有效控制水分、氧气，起到防霉作用。

（5）**药剂防霉**　霉菌可以说是无处不在，植物在生长过程中，粮食在收获过程中，饲料在正常处理和贮藏过程中，都有可能受到霉菌的污染，而一旦环境条件合适，霉菌就可以大肆繁殖。因此，无论何种饲料，只要含水量超过13%，且饲料贮存2周以上，都应在贮藏前添加防霉剂。

## 120.　饲料出库的原则是什么？

成品出库讲究先进先出原则，必须先办妥出库手续方可发货，审核手续是否齐全，是否有审批人的签名。对于手续欠妥者，一律拒发。按照发货单的顺序依次发货，在这个过程中必须认真按照发货单的品种、数量发货，并且要求装卸工按先进先出的原则进行取料、检查口袋包装是否与所生产产品相符。

## 121.　饲料成品出库有哪些注意事项？

（1）发货前检查运输车辆，车辆卫生良好，无污染才能发货；发货时轻搬轻装，防止损坏包装，发现不良品及时退库。

（2）成品料保管员凭《发货单》发货，发货时确定好品种、数量，遵循"先进先出"的原则，并检查产品质量，包装、标签等情况完好后方可发货。

# 第六章 猪饲养管理

## 第一节 种公猪

### 122. 合理的公猪采精频率是多少?

公猪合理的采精频率:后备公猪以及年轻公猪,每周1次;成年公猪一般每周2~3次。精液品质应随时进行检查,如采精量、精子密度有所下降,则应减少次数,同时查找其他原因并作相应处理。

### 123. 种公猪膘情控制在何种程度?

种公猪应保持中上等膘情,如图6-1的3分、4分者,也就是俗话说的"肥不露膘,瘦不露骨",才能健康结实,精力充沛。

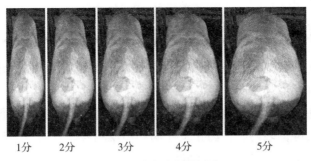

| 1分 | 2分 | 3分 | 4分 | 5分 |

图6-1 种公猪膘情评分

(1)种公猪过肥 如果公猪的日粮能量水平过高,喂量过多,缺乏运动，导致公猪体况过肥，将影响正常配种。公猪采食了大量的动物蛋白、高蛋白浓缩料、玉米，且有时还要采食鸡蛋，5月龄左右就能达到100千克体重，同时由于缺乏运动，公猪爬跨无力，或不能持久爬跨，无法配种。

（2）**公猪过瘦** 如果公猪的日粮能量水平过低，喂量不足，导致公猪体况过瘦，也将影响正常配种。

## 124. 种公猪有何饲喂要求？

种公猪饲喂应定时定量，每天2次，也可一次性投放，日饲喂量可按照体重的2.5%~3.0%给料，同时根据个体体况及使用强度调整饲喂量，控制在中上等膘情。

当配种负荷较大时可每天添加1~2枚鸡蛋，满足其营养需要。

## 125. 种公猪最舒适的环境怎样实现？

种公猪适宜的环境温度为18~20℃。夏季高温对种公猪的影响特别大，会导致其食欲下降、性欲降低，精液品质严重下降。所以要注意防暑降温，一般采用的方式是淋（滴）水降温、风扇、抽风机、湿帘风机降温等，饲喂前后及高温（舍内温度高于26℃）时需要开启降温设备。冬季猪舍要防寒保暖，减少饲料的消耗和疾病发生。

## 126. 种公猪有哪些保健措施？

（1）**运动** 公猪应坚持每天运动，以提高种公猪的新陈代谢，促进食欲，增强体质，提高精液品质，尤其过肥的公猪。

（2）**常刷试** 采精员或饲养员应常为公猪刷拭猪体，每周至少一次，去除体表污物，防止皮肤病和污染精液。并通过这种人与猪的接触，可以营造人与猪和睦相处的氛围，便于采精。

（3）**定期驱虫** 可肌内注射或饲料拌药的方式，每年2次，达到去除体内寄生虫的目的，减少寄生虫对种公猪的危害。

（4）**修毛、修蹄等** 注意修整种公猪阴部过长的毛，以便于采精和防止污染精液；同时注意修整种猪的蹄子，以利配种，可防止爬跨配种时划伤母猪和减少肢蹄病。

## 127. 公猪的生产记录有哪些?

猪场公猪采精记录月表、种猪采精分记录、精液品质检测稀释记录等。

（1）公猪采精记录月表 有利于总览本场猪的采精情况。见表6-1。

表6-1

| 公猪采精记录月表 | | | | | | | |
|---|---|---|---|---|---|---|---|
| 日期 | 公猪号 | | | | | | |
| | | | | | | | |
| 1 | | | | | | | |
| 2 | | | | | | | |
| 3 | | | | | | | |
| ⋮ | | | | | | | |
| 31 | | | | | | | |

（2）种猪采精分记录 有利于总览该猪的采精情况，以及质量变化状况。见表6-2。

表6-2

| **号种猪采精分记录表 | | | | | | |
|---|---|---|---|---|---|---|
| 序号 | 日期 | 间隔 | 采精量 | 活力 | 密度 | 与配母猪 |
| 1 | | | | | | |
| 2 | | | | | | |
| 3 | | | | | | |
| 4 | | | | | | |
| ⋮ | | | | | | |
| ⋮ | | | | | | |

（3）精液品质检测稀释记录　总览本场的精液生产情况。见表6-3。

表6-3

| 精液品质检测稀释记录表 | | | | | | | | | |
|---|---|---|---|---|---|---|---|---|---|
| 采精日期 | 种猪号 | 外观 | 采精量 | 活力 | 密度 | 稀释剂量 | 稀释后密度 | 稀释份数 | 稀释后活力 |
| | | | | | | | | | |
| | | | | | | | | | |
| | | | | | | | | | |

## 128. 种公猪利用年限是多少？淘汰原则是什么？

种公猪一般利用2~3年，群体种公猪年淘汰率约30%左右。

淘汰原则：性欲低下，配种能力差、精液品质较差、与配母猪分娩率及产仔率低、患肢蹄病、患繁殖障碍等疾病、有恶癖行为的及时淘汰。

# 第二节　空怀母猪

## 129. 空怀母猪的淘汰原则是什么？

一般对屡配不孕、不发情、久病不愈、产仔缺陷、体况极差且没有恢复迹象的母猪给予淘汰，年淘汰率30%左右。

## 130. 空怀母猪的管理要点是什么？

（1）巡视　多巡视全群状况，及时处理因转圈而发生的异常情况。

（2）诱情、查情、配种与记录　空怀母猪应经常保持与公猪的接触，促使母猪发情。断奶后母猪一般在7天左右再次发情，配种后的母猪在21天左右有可能返情，饲养员和配种人员要及时重点观察猪只在这两阶段的发情情况，确保及时配种，同时要做好相应的配种记录，计算预产期。

（3）**环境卫生**　搞好环境卫生工作，配种前将母猪阴户周围冲洗、消毒并擦拭干净。

（4）**治疗**　治疗母猪从产房带过来的疾病，如乳房炎和子宫炎。在治疗期间的母猪，如有发情应不予配种。

### 131. 空怀猪的采食量怎样控制?

断奶前三天母猪就应该逐步减料，直至断奶当天停料一天，保证充足饮水。目的是通过减少投料来减少乳房分泌乳汁量，避免乳房炎的发生。断奶后第一天开始少量喂料，至第三天逐步恢复，后视体况而定喂量，可按照体重的2.5%~3.0%给料。

## 第三节　**妊娠母猪**

### 132. 妊娠母猪的生产记录有哪些?

妊娠母猪的生产记录有：配种日期、与配公猪、配种方式、预产期、卫生防疫等记录，详见表6-4。

表6-4　母猪生产记录

| 母猪耳号 | 配种情况 | | | | | | 生产情况 | | | | | | |
|---|---|---|---|---|---|---|---|---|---|---|---|---|---|
| | 日期 | | 与配公猪 | | 配种方式 | | 预产期 | 实产期 | 活产 | | 死胎 | 木乃伊 | 初生重 |
| | 1次 | 2次 | 品种 | 耳号 | 本交 | 人工 | | | 公 | 母 | | | |
| | | | | | | | | | | | | | |
| | | | | | | | | | | | | | |
| | | | | | | | | | | | | | |
| | | | | | | | | | | | | | |

### 133. 妊娠母猪的采食量怎样控制?

**（1）妊娠80天**

① 0~21天（妊娠前期）：适当降低饲喂量，促进胚胎着床，可按照体重的2.0%~2.5%给料。

② 21~80天（妊娠中期）：妊娠中期的日饲喂量在限制饲喂的基础上逐渐恢复到正常饲喂量。但需要防止母体过肥，致使胚胎成活率下降，可按照体重的2.0%~3.0%给料。

**（2）妊娠80天至产前一周（妊娠后期）** 此阶段胎儿增重快，绝对增重也高，胎儿体重的60%~70%均来自于此阶段。这个时期应给予充足营养，适当增加精料，减少粗料并补足钙磷，保证胎儿正常发育，可按照体重的3.0%~5.0%给料。

**（3）产前一周** 妊娠母猪在产前一周应转圈到产房，产前三天开始减少饲喂量。有条件的在产仔当天可饲喂麦麸汤，这可预防乳汁过浓引起仔猪消化不良和产科问题。

### 134. 妊娠母猪的管理有哪些注意事项?

**（1）前期减少应激** 在配种后9~13天是胚胎着床期，该期内胚胎的死亡率为20%~45%，如果在此阶段母猪受到较大的外界干扰刺激，会使子宫内的安静状态受到破坏，将影响胚胎的附植，引起部分胚胎着床失败或死亡，影响产仔数，此外，在整个妊娠过程中都应当减少对母猪的刺激，避免母猪过于受惊而引起流产。

**（2）防止机械性流产** 母猪妊娠期间需要一个安静的环境，在妊娠过程中不宜随时调整圈舍或者合群，在转群过程中不能粗暴，要温和地进行驱赶，避免母猪打架、滑倒、碰撞，防止拥挤和惊吓。

**（3）防暑降温** 妊娠早期母猪对高温环境的耐受力差，当外界温度长时间超过32℃时，胚胎的死亡率明显增加，因此在高温环境下，母猪产仔数减少，死胎畸形数量明显增多。

（4）**及时转圈** 转圈包括配种21天后从配种舍转到妊娠舍，母猪在产前1周经消毒后从妊娠舍转到产仔舍，特别要及时地查看配种记录，计算预产期，不要让母猪在妊娠舍产仔，以免压死或冻死仔猪。

（5）**卫生防疫** 此阶段注意定期消毒，产前应注射疫苗和驱虫。

# 第四节　**泌乳母猪**

## 135. 母猪产前转圈的注意事项有哪些?

（1）**产房准备** 转圈前应用高压清洗机彻底清洁产床以及周围环境，干燥后消毒并至少空栏3天。

（2）**母猪准备** 母猪应在产前一周转入产房。转圈前可在妊娠舍清洁母体并消毒，在转入产床后再次消毒母体和产床。

（3）**其他准备** 准备好接产用具以及仔猪保暖设施。

## 136. 母猪产前征兆有哪些?

母猪产前3~5天，外阴红肿松驰呈紫红色，尾根两侧下陷，乳房胀大，两侧乳头向外开展呈八字形并呈潮红色。一般情况下，当母猪前面的乳头能挤出乳汁，最后一对乳头能挤出浓稠乳汁时，母猪将在3~4小时之内分娩;当母猪表现起卧不安，频频排尿，在圈内来回走动，阴部流出稀薄的带血黏液时，说明母猪即将产仔。

## 137. 接产准备有哪些?

调节好仔猪保温箱，箱内铺上清洁干燥的垫草、麻袋等，再次清洁产床、擦净母猪乳房，挤掉乳头前段初乳。备好干净毛巾、肥皂、消毒用碘酒、剪牙钳、断尾钳、耳号钳以及记录表格等。

一般母猪分娩多在夜间，整个接产过程要求保持安静，动作迅速而准确。

### 138. 新生仔猪怎样护理?

（1）**擦拭** 仔猪产出后，接产人员应立即用干燥毛巾将仔猪口、鼻的黏液掏出并擦净，再将全身黏液擦净。

（2）**断脐** 先将脐带内的血液向仔猪腹部方向挤压，然后在距离腹部约4厘米处用手指把脐带掐断，断处用碘酒消毒止血，若断脐时流血过多，可用手指捏住断头，直到血不再流，或用棉线结扎，放入保温箱。

（3）**剪牙** 目的是防止小猪在争夺乳头时用犬齿互相殴斗而咬伤面颊，咬伤母猪乳头或引发乳房感染。剪牙的方法是：一只手的拇指和食指捏住小猪上下颌之间（即两侧口角），迫使小猪张开嘴露出犬牙，然后用专用牙钳或斜口钳分别剪去上下左右犬牙。剪牙时要注意断面平整，不要伤及齿龈和舌。

（4）**编号** 种猪场通常采用剪耳缺的方式对仔猪进行编号（图6-2、图6-3）。常用的方法为群体连续编号法和群体窝号加个体号法（NY/T 820种猪登记技术规范）。

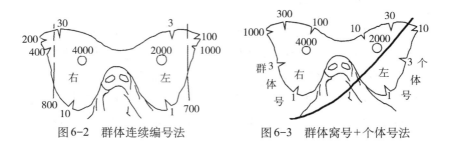

图6-2　群体连续编号法　　　　图6-3　群体窝号+个体号法

（5）**免疫** 根据各场的免疫程序要求进行疫苗注射。

（6）**补铁** 仔猪出生时，体内贮存的铁约有30~50毫克，而每天生长约需7毫克，而仔猪从母乳中仅能获得1毫克左右的补充。如果不给仔猪补铁，其体内贮备的铁将在1周龄前后耗尽，仔猪就会患贫血症。因此，必须要及早给仔猪补铁，目前一般采用肌内注射法补铁，在猪只3日龄时，腿部及颈部肌内注射右旋糖酐铁钴合剂注射液或铁硒注射液1毫升，10日龄再注射2毫升即可。

**（7）断尾** 现在断尾的主要目的是减少咬尾症的发生。据统计，咬尾症在同群中一般可达20%~30%，不仅降低猪的饮食及抗病力，同时极易感染坏死杆菌、葡萄球菌、链球菌等，大大降低猪的生产性能。猪场一般采用钝钳夹持断尾法，即用钝型钢丝钳在距尾根2.5厘米处剪压并涂上浓碘酒液。5~7天之后尾骨组织由于被破坏停止生长而干掉脱落。

## 139. 怎样处理母猪难产？

母猪长时间剧烈阵痛，但仔猪仍不娩出时，同时发现母猪呼吸困难，心跳加快，则应实行人工助产。

处理方法：首先采取按压腹部帮助母猪生产的方式助产；如果不能生产，立即注射催产素，用量和注射方法按照药物说明书；注射催产素后两小时仍不能生产，就需要进行产道内助产，方法是将手洗净，剪去手指甲，磨光，涂抹上肥皂，将手伸入产道，待母猪子宫收缩时，强行将仔猪拉出。

## 140. 怎样护理分娩后的母猪？

（1）分娩后母猪机体抵抗力减弱，应保持圈舍清洁，并及时对母猪外阴部进行清洁。

（2）密切关注胎衣及恶露的排出情况。猪的恶露很少，初为污红色，以后变为淡白，最后成为透明，常在产后2~3天停止排出，对胎衣未排完、恶露较多的母猪应及时注射缩宫素5~10国际单位促进排出，并向子宫内灌注0.1%的高锰酸钾溶液100~200毫升进行清宫；为防止胎衣腐败及子宫感染，可向子宫内投放粉剂土霉素或四环素0.5~1克。

（3）给母猪补充质量好、易消化的谷类饲料。供给的饲料不可太多，饲喂量通常在产后7天逐渐恢复正常。

（4）驱赶母猪站立采食。有的体弱母猪不愿采食，会导致进一步体弱，要确保每头母猪能够站立采食，对采食不正常的母猪应及时进行治疗。

（5）产房要保持干燥、安静的环境。在夏季对于哺乳母猪要做好防暑降温工作，因为高温影响母猪采食量，进而影响泌乳量，可采用淋浴、使用风扇、开窗、舍顶喷水等方式进行降温；冬季需注意防寒保暖，应关闭门窗、避免贼风，或采用供暖设施增加室内温度，同时也要保持舍内通风换气。

## 141. 怎样控制哺乳母猪采食量？

应确保哺乳母猪随时可以吃到饲料，因此，可适当增加饲喂次数，母猪产仔1~3天可日喂2次，3天以后则日喂3次，并根据料槽中尚存上次喂给的饲料量确定添加量。母猪生产当天可不饲喂，第2天慢慢加料，至第7天恢复到正常采食，到第21天左右达到最大采食量，断奶前3天减料，断奶当天停料。

## 142. 批次分娩的优缺点有哪些？

批次分娩就是将原有连续生产管理模式每天都有断乳、配种及分娩的工作，改为在集中的时间段完成生产工作，间隔分明有规则，可以使传统连续饲养方式造成的疾病传播得到阻断。猪舍管理采用全进全出方式隔离饲养。

（1）**主要优点**　批次化生产，能更有效的利用劳动力与生产工具，提高生产效率。利于人工授精的操作规范及质量控制程序的执行；便于寄养、转圈、查情等流程化管理，利于全进全出生产模式，高效利用圈舍及设施设备；利于猪只批次化出栏、提高出栏猪群规模及整齐度；利于料耗、药耗、水电等控制；利于人员轮休等管理。

（2）**主要缺点**　猪场首次分批生产需要较长时间才能调整到均

衡的批次化生产效果；批次化生产过程激素药物使用量有所增加。

## 143. 为什么要进行分胎次饲养？

分胎次饲养是将繁殖群划分为两个群体，分别为免疫状态不稳定的年轻母猪群（1、2胎的母猪）和免疫状态稳定成熟的母猪群（2胎以后的母猪群）。青年母猪与经产高胎次母猪分开饲养可以减少疾病的发生；青年母猪与高胎次经产母猪对蛋白质和微量元素的需求上有差异，分胎次饲养可以为不同的母猪群提供差异化的日粮，有利于生产成绩的提升。分胎次饲养能够提高母猪使用寿命和断奶力。

# 第五节　哺乳仔猪

## 144. 怎样控制初生仔猪的环境温度？

初生仔猪体温调节的机能不完善，对寒冷的抵抗力差，温度要求较高。1~3日龄时适宜温度为30~32℃；4~7日龄为28~30℃；15~30日龄为22~25℃。

一般前3天应将母仔分开，将仔猪关在保温箱内，每2小时左右放出吃奶，吃奶后将仔猪捉回保温箱。

## 145. 初生仔猪的寄养方法有哪些？

当出现母猪泌乳量不足、产仔多而乳头数不够、母猪产后体质虚弱、生病等情况，无法给所产仔猪提供母乳时，需要将仔猪放在另外母猪的窝内哺养，称为寄养。在哺乳阶段如果寄养合理，仔猪断奶后整齐度将大大提高，成活率明显上升。寄养方法有以下几种：

（1）母猪乳量不足、胎产过多、仔猪发育不均时，可挑个别强壮仔猪选择性寄养。

（2）母猪缺乳、母性差、体弱、有恶癖或母猪产仔数较少，可将全窝仔猪寄养（寄养后的母猪继续发情配种，提高母猪利用率）。

（3）当两窝产期相近且仔猪都发育不均时，按仔猪体形大小分为两组，较弱的一组仔猪交由乳汁多而质量高、母性好的母猪哺育，另外一头母猪哺育剩下一组。

## 146. 初生仔猪寄养时的注意事项有哪些？

在寄养前要考虑的问题很多：仔猪生后，体格往往大小不一；较小的仔猪又没有足够的能力竞争奶头，这些小猪最容易死亡，或成为病猪、僵猪；选择合适的母猪进行寄养，对仔猪的生长发育更加有利。

（1）仔猪寄养时生产日期一致或相近，一般不超过3天。后产的仔猪向先产的窝里寄养时，要挑选猪群里体重大的寄养；先产的仔猪向后产的窝里寄养时，则要挑体重小的寄养，以避免仔猪体重相差较大，影响体重小的仔猪生长发育。

（2）被寄养的仔猪一定要吃初乳。仔猪吃到充足的初乳才容易成活，如因特殊原因仔猪没吃到生母的初乳，可吃养母（奶妈）的初乳。

（3）有病的仔猪不寄养。

## 147. 怎样给仔猪补饲？

仔猪早期补饲能够促进消化器官发育，增强消化功能；提高断奶重和成活率，经济效益显著。经补饲的仔猪消化器官发育良好，体质好，抗病力强。

**（1）补料时间**　7日龄左右。

**（2）补料方法**

①自由择食法：将诱食料放在仔猪经常经过的地方，任其自由拣食。

②强制诱食法：将诱食料调成稀糊状，涂抹于仔猪嘴唇或舌头

上，任其舔食。

## 148. 怎样给仔猪去势？

去势就是常说的"阉割"，现代集约化猪场一般仅对公猪去势而母猪不去势。公猪去势一般采用在仔猪10日龄左右手术摘除睾丸的方法，其优点是应激反应相对较小，出血量少，不易感染疫病且劳动强度低。去势时间也可调整在断奶前1周。

## 149. 怎样预防仔猪腹泻？

发生腹泻的原因主要是环境的污染、天气剧变、消化不良、病原微生物的侵染等。因此，要保证圈舍的清洁卫生，做好保温工作，开食阶段要采用正确的方法及投喂量，加强消毒，提前预防。按照本场的免疫程序做好各种疫苗的预防注射。

## 150. 怎样给仔猪断奶？

传统的仔猪断奶时间在8周龄左右，就是平常说的双月断奶。现代规模化猪场常采用3~4周龄断奶。仔猪断奶方法常有以下几种：

（1）**一次性断奶法**　即到断奶日龄时，一次性将母仔分开。具体可采用将母猪赶出原栏，全部仔猪留在原饲养栏。

（2）**分批断奶法**　将体重大、发育好、食欲强的仔猪及时断奶，而让体弱、个体小、食欲差的仔猪继续留在母猪身边，适当延长其哺乳期，以利弱小仔猪的生长发育。

（3）**逐渐断奶法**　在仔猪断奶前4~6天，把母猪赶到离原饲养栏较远的地方，然后每天将母猪放回原饲养栏数次，并逐日减少放回哺乳的次数，第1天4~5次，第2天3~4次，第3~5天停止哺育。

（4）**间隔断奶法**　仔猪达到断奶日龄后，白天将母猪赶出原饲养栏，让仔猪适应独立采食；晚上将母猪赶进原饲养栏，让仔猪吸食部分乳汁，到一定时间全部断奶。

### 151. 仔猪断奶期饲养需要注意哪些问题？

规模猪场断奶仔猪的饲养管理是提高养猪效益的关键，必须根据仔猪的生理特点，采用科学的饲养管理技术，确保仔猪正常生长发育。

**（1）提供全价营养日粮** 适当提高能量浓度，适当降低蛋白质水平，合理补充益生素、酶制剂、有机酸、硒和维生素E等添加剂。

**（2）限量饲喂** 断奶前后一周一定控制采食量，否则会引起腹泻病或水肿病，1周后恢复到自由采食。

**（3）防止应激** 防止环境突然改变，加强断奶仔猪的保暖工作，在断奶日将母猪赶往配种舍，仔猪留在原圈，减少应激；饲料的突然改变也会引起腹泻病或水肿病，因此在断奶后一周左右缓慢地把乳猪料更换为仔猪料。

### 152. 怎样提高断奶仔猪数？

总的原则是努力做到"多生、少死"。

（1）做好品种品系的选择。一般大约克夏优于长白，长白优于杜洛克，法系、丹系、加系猪优于美系。

（2）做好查情配种工作。配种前必须检测精液品质，不合格精液不使用；配种时间选择正确，及时孕检，减少母猪的非妊娠天数，提高母猪配种分娩率。

（3）做好妊娠母猪的饲喂，提高窝产壮仔数。

（4）做好产仔母猪的饲喂管理及接产工作，尤其注意产后3天内仔猪的饲喂管理，努力降低仔猪的死亡率。

（5）仔猪出生3~5天开始教槽，精细化管理，使仔猪断奶前采食尽量多的饲料。

（6）饲喂液体饲料渡过断奶关，减少断奶应激对猪只负面影响。

（7）开展合理的免疫和及时、科学的个体治疗工作。

# 第六节　保育仔猪

## 153. 怎样饲养管理保育仔猪?

保育仔猪是指仔猪断奶至保育结束这一阶段，一般为5周左右时间，具有生长发育快、对疾病的易感性高等特点。保育仔猪的饲养管理一般采取以下方法：

**（1）原窝同圈饲养法**　将断奶后的整窝仔猪转移到保育舍自由采食，不进行并圈，可有效防止互相打架撕咬造成伤害或死亡，但圈舍利用率不高。适宜于规模较小的猪场使用。

**（2）小单元大圈饲养法**　将断奶日期相近的几窝仔猪合并到一个小单元大圈中饲养，进行自由采食。该法可提高圈舍利用率，降低劳动强度，还可以利用猪的群食性提高采食量。这种方法适合于规模较大，同期仔猪多的猪场采用。

## 154. 保育猪混群有什么技术要求?

猪只生产过程中，不可避免要开展混群工作，特别是保育猪的混群，往往会造成新进猪只与原来猪只出现相互打斗，发生咬伤而造成不小的损失，导致猪群生长发育受阻，影响经济效益。生产中混群注意以下技术要领：

（1）混群后猪平均占有圈舍面积比正常空间增加20%以上的面积，便于弱猪有较大的逃避空间。

（2）混群前减少到正常饲喂量的2/3，让猪只感到轻度饥饿。

（3）混群时间选择在傍晚进行。

（4）在转群途中给混群猪只喷洒空气清新剂等有气味物质，混淆猪只嗅觉。

（5）猪只到达目的圈舍后，撒上混群猪的粪便在排泄区，专人负责驱赶、训练猪只定点排泄，然后提供充足的饲料与饮水，转群前三天重点调教猪群采食、睡觉、排泄三分区。

## 155. 怎样降低保育猪咬尾症状的发生？

猪咬尾症又称"反不适综合征"，是猪受到多种不良因素刺激而引起的一种非特异性应激反应。凡是能引起猪感觉不舒服的各种环境因素、营养因素和心理因素等，都有可能造成猪群发生咬尾症状，防止办法如下：

（1）减少混群应急对猪造成外伤。

（2）提供营养全面、清洁、新鲜、充足的饲料。

（3）提供猪合适的饲养密度，为猪群提供垫料或玩具。

（4）生长环境空气新鲜，无贼风。

（5）及时清理出咬尾猪及被咬猪。

# 第七节　后备猪

## 156. 怎样选择后备猪？

后备种猪是指保育阶段结束到初次配种前的准备留作种用的青年公母猪。后备种猪的选留一般占保种猪猪群的25%~30%。选择时间为：2月龄、4月龄和6月龄，一般从以下方面进行选择。

**（1）体型外貌**　后备种猪应具备本品种的典型特征，如毛色、耳型、头型、背腰长短、体躯宽窄、四肢粗细、高矮等均要符合品种的特征要求。

**（2）外生殖器官发育**　外生殖器官发育良好，公猪无疝气、隐睾、单睾等；母猪阴户发育较大且下垂、形状正常，有效乳头应在6对以上，排列整齐，间距适中，分布均匀，无遗传缺陷。

（3）**健康状况** 后备种猪应选择有光泽毛色，四肢健壮，后臀丰满，体躯长而平直。

## 157. 后备猪如何分群？

后备种猪的分群应按体重大小、体况强弱和健康状况等分成小群进行饲养，每群4~6头，避免弱小猪只受到强势猪只的欺压以及疾病的传播从而影响正常发育。当后备种猪出现爬跨行为时，则公猪单圈饲喂。

## 158. 怎样维持后备猪的合理体况？

后备猪可以分为两个阶段饲养。

（1）**自由采食** 临配种前两个月的后备猪一般采用自由采食的方式。

（2）**限制饲喂** 临配种前两个月至配种这一阶段，应根据不同猪只的体况进行饲喂，体况过肥的宜减少饲喂量，体况较差的增加饲喂量。按5分制，体况控制在3分最合适（如图6-1），后备猪避免过瘦或过肥给日后的繁育配种带来困难。

## 159. 怎样确定后备猪的适配日龄和适配体重？

猪达到性成熟后如公猪出现爬跨行为，母猪开始发情等，生殖器官开始具有正常的生殖机能，其身体仍处在生长发育阶段不适宜配种，经过一段时间后（一般在性成熟后1~2个月），才能达到适宜的配种日龄或达到适配体重（体成熟）。如果在性成熟时就开始配种，会影响其身体的发育，降低种用价值，缩短使用年限。因此，一般达到体成熟后配种最好。

如杜洛克、长白、大约克夏等引进外种猪其性成熟在170日龄左右（体重100千克左右），但其适宜配种日龄在220日龄以上，适宜配种体重（体成熟）为120千克以上；而地方品种如荣昌猪其性成熟在90日龄左右，其适宜配种日龄120日龄以上。

## 160. 后备猪有哪些防疫措施?

（1）**隔离观察**　如从外地引进种猪，应在隔离舍饲喂30天以上，同时根据当地的疫病流行情况、本场内的疫苗接种情况和抽血检查情况进行必要的免疫注射（猪瘟、猪伪狂犬病、猪细小病毒病等）。

（2）**定期消毒**　在猪群正常的情况下消毒频率可为一周一次，发生较严重疾病的情况下可为一天一次，此外对各种饲喂工具应至少半个月消毒一次。

（3）**定期驱虫**　春秋两季进行驱虫工作并在配种前1个月左右再次进行驱虫。

（4）**接种疫苗**　按照制定的免疫程序接种各种疫苗，并对免疫情况进行测定评估。

# 第八节　　育肥猪

## 161. 生长育肥猪管理要点有哪些?

生长育肥猪是指仔猪保育结束后用于肥育出栏的猪，该阶段的管理要点为：

（1）宜采用自由采食，根据当地饲料资源、根据肥育猪的营养需要和饲养标准科学搭配日粮，充分发挥猪只生长潜力。

（2）防病及驱虫，加强对疾病的预防和控制。仔猪宜在45~60日龄时进行第一次驱虫，以后2~3个月驱一次。

（3）保持舍内环境卫生，注意舍内温湿度的调节，保持猪舍通风良好，做好定期消毒工作。

（4）适时出栏，肥育猪超过100千克体重其料肉比将会下降，生长速度相对变慢，但绝对增重较大，肥猪出栏时间一般为6~7个月，宰杀重量大约在95~110千克，猪价高时，可以提高到130~140千克出栏，可获取更大的经济效益。另外，中国地大物博，不同省区猪肉消费习惯不同，对商品肉猪体重大小也有不同要求，各养殖企业根据当地消费习惯确定参考饲喂体重上市，也能获得较大的生产效益。总之应根据市场行情以及饲料成本来确定出栏时机。

## 第九节　其他管理

### 162. 怎样应对猪场鼠害?

猪场家鼠除咬坏物件（磨牙）、蚕食饲料外，作为媒介和传染源，还能传播钩端螺旋体病、伪狂犬病等重大疫病，对猪场的生产力及效率造成相当大的危害。

根据家鼠行为学特点，其在观察环境时，同时也尝试环境中的食物，开始先取食少量，随后逐渐增加，提防因摄食不当引起中毒死亡。这种行为，是使用急性灭鼠毒饵后鼠拒食的原因。

猪场在做好饲料、物资规范管理的基础上，使用靶动物为鼠类的慢性鼠药控制鼠害效果较好。在投药前，须对老鼠密度作调查，然后定期全场投放鼠药，前期每月或半月1次，稳定后定期拉开投放间隔时间。

家鼠一般喜欢诱饵是潮湿的，因此使用蜡块或在诱饵外做石蜡涂层有助于确保它保持更长的新鲜度和潮湿。诱饵的容器应确保诱饵不能被大鼠或其他非靶动物带走。容器应尽可能放在接近老鼠巢穴或鼠道上。

需要注意的是，死老鼠需及时清理，以避免二次污染或被猪只误食。

# 第七章　猪舍环境控制

## 第一节　猪舍环境的相关概念

### 163. 什么是猪舍环境?

猪舍环境是指猪舍的内部环境状况,它包括存在于猪只周围的可以直接或者间接影响猪只的自然和社会因素。在猪舍内部,环境因素是不断变化的,当猪舍内的环境因素的变化超过了猪的适宜范围,就会影响猪的生长性能以及繁殖猪的繁殖性能。

### 164. 影响猪舍环境的主要因素有哪些?

(1)**物理因素**　物理因素主要包括温度、湿度、风、辐射、降雨、光照强度、噪声、粉尘、地形、海拔和畜舍等。物理因素看似简单,但是对生产的影响较大,尤其是温度、湿度、风三种因素的影响显得格外重要。

(2)**化学因素**　化学因素主要包括氧气、二氧化碳、氨气、硫化氢等气体成分;pH、硬度、溶解氧等水质特性;硅、铝、钙、磷等土壤化学特性。现代化舍饲养殖中的主要化学影响因素是空气中不同气体的浓度,尤其是主要由粪尿及尸体分解产生的有害气体,如二氧化碳、氨气、硫化氢等,这些有害气体浓度过高会显著影响养猪生产成绩。

(3)**生物学因素**　生物学因素通常包括饲料的霉变;环境中其

他生物种；各种猪体内外的寄生虫和病原微生物。

（4）**社会因素**　社会因素主要包括猪群体特征和人为的饲养管理，比如饲养方式，群体大小以及猪舍设备的运行使用、猪舍结构等。

## 165. 影响猪舍环境的主要物理因素有哪些?

（1）**温度**　环境温度是用标准单位来表示热强度的一种方法，通常用摄氏度（℃）和华氏度（℉）表示，转换公式为℃＝（℉－32）/1.8。环境温度通常是指动物体周围气体或液体环境的平均温度，在覆盖动物体的热边界层或水边界层以外进行测量。空气温度是影响家畜健康和生产力的首要因素。

（2）**湿度**　空气湿度是指空气中含有水汽量多少的物理量，通常用相对湿度（%）表示。相对湿度是指实际水汽压与该温度下饱和水汽压的百分比，相对湿度RH（relative humidity）越大表示空气越潮湿。相对湿度的公式如下：

相对湿度（RH）＝实际水汽压/饱和水汽压×100%

（3）**风**　风的产生源于气压差，高气压地区的空气必然向低气压地区流动，这就形成了风，风速的大小与两地气压差成正比，与距离成反比。风通常由风向和风速表示，风向是指风吹来的方向，风速（m/s）是指单位时间内风的行程，在畜牧生产中风速的大小是影响动物热环境的重要因素，不同高度的风速大小不同，就存在着不同的降温效果。

（4）**光环境**　养猪生产中常用的光源有太阳光照和人工光照，而随着猪场规模化和现代化程度的不断加深，猪舍光照来源越来越依赖人工光照。光源的发光强度通常用勒克斯（Lux或Lx）表示。与养鸡生产相比较，光照对于养猪生产影响相对较小，但是合适的光照强度能够有效地增加肥猪（40~50勒克斯）的生产性能以及母猪（60~100勒克斯）的繁殖性能。

## 166. 什么是环境应激?

应激是有机体对各种刺激所产生的非特异性应答反应的总和。家畜对干扰或妨碍机体正常机能的内外环境刺激产生生理和行为上非特异性反应的过程称为环境应激。能够引起应激反应的一切环境刺激被称为应激源,通常情况下,应激源大部分都是外界环境因素。应激源也包括物理、化学、生物和社会等多方面的环境因素,其中环境因素中温度、湿度、风速对猪的影响较大。

环境应激能够影响猪的生产性能,处于应激状态的动物因机体内分解代谢增强,合成代谢降低,通常会表现出生长停滞、体重下降、饲料转化率降低,从而造成生产性能降低。

运输和屠宰中的应激会降低屠宰后肉质,会出现色泽淡白、质地松软和有渗出液的PSE(pale soft exudative)肉以及切面干燥、质地较硬和色泽深暗的DFD(dry firm dark)肉;同时,应激也会对猪的健康产生影响,集约化饲养中猪舍氨气、硫化氢等有毒有害气体增加会影响猪对疾病的抵抗力,过高的饲养密度会造成咬尾、咬耳等恶癖。

## 167. 猪的等热区和临界温度是什么?

恒温动物有维持自身体温稳定的能力,即恒温性。等热区(zone of thermoneutrality,TN)是指恒温动物能够通过物理和行为调节维持体内热平衡的温度区域。当温度降低至等热区以下时,猪只不能通过自身物理和行为调节维持体内热平衡,需要通过战栗或其他非战栗方式产热以维持体内热平衡,该提高代谢率时的环境温度就是下限临界温度(lower critical temperature,LCT);当温度升高至等热区以上时,造成猪代谢率升高,这种因高温而引起的代谢率升高的环境温度也称为临界温度,但为区别于下限临界温度,该环境温度称为"过高温度"(heperthermal rise)或"上限临界温度"(upper critical temperature,UCT)。猪的临界温度取决于产热和散热的难易程度，因此不同体型、体重、年龄、饲养水平、气候、气象因素都会影响临界温度的高低。不同阶段猪的舒适区及临界温度见表7-1。在实际生产中，有一个气温范围，动物产热和散热能够刚好达到平衡，动物甚至连基本的物理和行为调节都不需要，即可维持正常体温，该温度范围，我们称之为"舒适区"（Comfort zone，CZ）。该舒适区通常位于等热区的温度中偏下的区域。

表7-1 猪舍内空气温度和相对湿度标准

| 猪舍类别 | 空气温度（℃） | | | 相对湿度（%） | | |
|---|---|---|---|---|---|---|
| | CZ | UCT | LCT | 舒适区 | 高临界 | 低临界 |
| 种公猪 | 15~20 | 25 | 13 | 60~70 | 85 | 50 |
| 空怀及妊娠母猪 | 15~20 | 27 | 13 | 60~70 | 85 | 50 |
| 哺乳母猪 | 18~22 | 27 | 16 | 60~70 | 80 | 50 |
| 哺乳保温箱 | 28~32 | 35 | 27 | 60~70 | 80 | 50 |
| 保育猪 | 20~25 | 28 | 16 | 60~70 | 80 | 50 |
| 生长育肥猪 | 15~23 | 27 | 13 | 65~75 | 85 | 50 |

注：摘自GB/T 17824.3—2008。

## 168. 猪体热主要来源有哪些？

猪的体热来源主要有两个方面，一方面是内部的自身产热，另一方面是来自外部环境。其中内源热又包括家畜基础代谢产热（维持生命活动）、热增耗（消化吸收过程中的产热）、肌肉活动产热（动物活动导致肌肉活动产热）及生产产热（生长、泌乳、生殖等过程中产热）等。外源热，暴露于阳光下或者在取暖设备环境下，动物体可以通过外界得到热量。

## 169. 猪的主要散热方式有哪些？

猪可以通过内部或外部环境获得热量，为了维持体温的恒定，必须通过各种途径将热量散发出去，其中常见的散热方式有辐射散热、传导散热、对流散热和蒸发散热。在炎热的环境中动物的辐射散热、传导散热、对流散热可能会完全失去作用，甚至会从环境中吸收热量，因此在炎热的环境中蒸发散热将会是最为有效的散热方式。

辐射散热：当物体高于绝对零度（-273℃），可以发出辐射能，辐射电磁波，可以通过环境散发热量，且它的发射和传递不需要介质。任何物体在发出辐射能的同时，也不断吸收周围物体发来的辐射能，动物也不例外。

传导散热：在动物体上理解为机体的热量直接传给与之接触的温度较低物体。比如在养猪生产中常见的，猪在炎热的夏天更喜欢躺卧在水泥地面以及倚靠墙体。传导散热量受到接触面积、温度和导热性有关。

对流散热：是指物体在与流体接触时，通过流体的流动性而引起的散热过程，是传导散热的一种特殊形式。流体主要是指空气，它不仅包括动物体表的空气，也包括动物的呼吸道表面。对流散热的散热量受到风速的影响，通常与风速成正比。

蒸发散热：是指动物体表或呼吸道表面的水分，从液态转化为气态，同时带走大量热量的一种散热方式。

辐射散热、传导散热和对流散热合称为可感散热，或称为非整发性散热、显热散热，这种散热方式能够直接加热圈舍空气，调高圈舍内的温度。蒸发散热又称为不可感散热，或潜热散热，该散热方式是将液态水转化为汽态水，会造成圈舍内湿度过大，因此需要将圈舍内的高湿空气及时排除，才能有效降低动物的热应激。

## 170. 用来评价热环境因素的综合指标有哪些？

在养殖过程中，使用温度、湿度、风速、光照强度等单一性指标对家畜生产进行评价相对比较简单，但是在实际生产中，家畜的影响因素并不仅仅能够使用单一因素进行评价，往往都是受到了温度、湿度、风速等多因素的综合作用，比如在高温（38℃）、高湿（95%）情况下并不能仅仅依靠某一项指标对其进行评价，这就需要将温湿度指标进行综合评定。其中常用的指标有温湿指数和有效环境温度。

温湿指数（temperature-humidity index，THI），是指将气温和空气湿度两者相结合来评价炎热程度的指标。温湿指数通常需要测量干球温度（$T_d$）、湿球温度（$T_w$）、露点（$T_{dp}$）与相对湿度（RH）来进行分析。公式如下：

$$THI=0.72（T_d+T_w）+40.6 \text{ 或}$$
$$THI=T_d+0.36T_{dp}+41.2 \text{ 或}$$
$$THI=0.81T_d+（0.99T_d-14.3）RH+46.3$$

近年来有研究报道只测量环境温度和环境湿度同样可以计算THI，并用于评价热环境对养猪或养牛生产的影响，公式如下：

$$THI=T×\{[0.55×（0.005\,5×RH）]×（T×14.5）\}$$

有效环境温度（effective tempture，ET）也称为"实感温度"，是在人类卫生学中根据气温、湿度、气流三个主要温热因素对人综合作用时，人的主观感觉制定的一个指标。同样的人们将此方法应用于对动物的评价中，通过测量干球（$T_d$）和湿球（$T_w$）温度，结合其分别对动物热调节的重要性，将其乘以相应的系数所得到的最终结果也称为"有效温度"。不同种类的动物其计算公式不同：

人：$ET=0.15T_d+0.85T_w$

牛：$ET=0.35T_d+0.65T_w$

猪：$ET=0.65T_d+0.35T_w$

鸡：$ET=0.75T_d+0.25T_w$

# 第二节　猪舍环境因素对养猪生产的影响

### 171. 什么是湿热环境？

湿热环境（hot-humid environment）是指直接与动物体热调节有关的外界环境因素的综合，包括温度、湿度、气流、热辐射等，是动物体占据该位置的四维空间，是影响畜禽健康和生产的极为重要的外界环境因素；根据辐射、温度、水汽压的状态可将动物的湿热环境分为热、干热、湿热等多种情况。对猪而言，一般指环境温度超过其上限临界湿度（upper critical temperature，UCT），湿度超过80%的环境。通常动物所处的外环境和动物自身的内环境是处于动态平衡的状态，但当外部环境变化超过动物机体调节能力时，机体内部平衡被打破，内环境发生紊乱，从而产生一系列不良反应，导致机能障碍、健康受损、生产性能低下，甚至死亡。湿热环境的应激能导致动物产生一系列的生理应答反应，其反应的强弱取决于应激的强度和动物的适应能力。在湿热环境因子中，温湿度是最主要的应激因素，其他环境因素都依托温湿度来发挥作用。

## 172. 高温对养猪生产有什么影响?

夏季高温通常对公猪、母猪产生较大影响，仔猪舒适区间温度较高，因此影响较小。夏季高温能够影响猪的生长性能，不同体重的猪都有最佳的生长、育肥温度，一般在此温度区（参考表7-1）间内饲料的利用效率最高，生产成本低，如果温度高于临界温度，猪的日增重下降，料肉比增加。猪的体重在11~91千克的最适温度为21~28℃，生产中对45~158千克的猪通常用下面的公式进行估算：

$$T=-0.06W+26$$

式中，T——增重速度最大的气温（℃）；

W——猪的体重（千克）；

0.06——系数（℃/千克）；

26——常数（℃）。

高温不仅对猪的生长性能产生影响，同时也会对猪的繁殖性能产生不利影响。研究表明，夏季高温降低公猪的性欲和公猪精液的品质，精子的形成周期通常需要40天以上，因此高温对精液品质的影响通常需要8~9周进行恢复。对于母猪来说，高温会影响母猪的发情，降低母猪的配种成功率，影响受精卵的着床造成死胚，减少母猪窝产子数，极端高温时会导致母猪流产，甚至会造成母猪妊娠后期代谢产热增加，从而产生中暑死亡。

## 173. 低温对养猪生产有什么影响？

低温对猪的影响通常是针对仔猪，刚出生的哺乳仔猪大脑皮层发育不全，通过神经系统调节体温适应环境能力差，而且由于仔猪被毛稀疏、皮下脂肪少，保温隔热能力很差，在气温较低的情况下不易保证正常体温。在寒冷天气下，仔猪容易感冒，从而引起肺炎及腹泻，甚至直接冻死。随着年龄的增长，仔猪所需要的温度有所降低（参考表7-1）。另外温度的波动过大也会影响仔猪的生长，当每日温度变化超过2℃时，可能会引起仔猪腹泻和生长缓慢。由于在寒冷环境中新生仔猪对于初乳的摄入量显著减少，因此从初乳中获得的母源抗体相应减少，对外界病原（如传染性胃肠炎）的敏感性增强。

## 174. 温度应激时猪怎样进行热调节？

（1）**热应激时的热调节**　提高可感散热，当温度高于临界温度时，通过皮肤血管扩张，大量血液从内部流向体表，使皮肤温度升高，增加体表散热；增加蒸发散热，当温度过高时可感散热的作用降低，如果气温高于体温，机体还会通过传导、对流和辐射等方式从环境中得热，因此该环境下主要依靠蒸发散热来缓解热应激。蒸发散热主要有两种途径，一种是通过呼吸，但是严重热应激时仅仅依靠加快呼吸频率并不能有效降低热应激，这就需要通过另一种散热途径——皮肤蒸发散热来缓解热应激，由于猪汗腺不能出汗，因此就需要使用其他方式（蒸发降温方式）来缓解热应激，比如：喷淋降温、滴水降温等如（参考本章第四节猪舍降温技术）。最后猪可以通过减少产热量来缓解热应激，如通过控制采食量或者拒食来减少热增耗，其次通过减少运动、肌肉松弛等降低产热量。减少采食量会相应造成生产性能的下降，从而降低生产产热。

（2）**冷应激时的热调节**　冷应激刚好与热应激相反，在处于冷应激时，猪可以通过减少散热和增加产热来缓解冷应激。在冷应激条件，猪通过皮肤血管收缩，减少体表血液流量，降低皮肤温度以及与环境的温差，减少散热；通过减少呼吸频率降低蒸发散热量；通过蜷缩、打堆等减少与环境的接触面积减少散热。增加产热也是缓解猪只冷应激的有效措施，当温度过低时猪只通过提高代谢率增加产热量，常常表现为肌肉紧张度提高、颤抖、采食量和活动量增加。骨骼肌战栗，可以达到原基础产热的2~3倍，对冷应激下的热平衡起到了重要的调控作用。

## 175. 空气湿度对养猪生产有什么影响？

猪舍空气中的水汽主要来源于猪体表和呼吸道蒸发，其他来源还有暴露的水面（地面积水和粪尿沟），潮湿表面蒸发的水汽，还有就是通过通风换气进入猪舍的水汽。湿度对猪的影响主要通过影响猪的体热调节，进而影响生产性能和健康状况（不同猪只舒适湿度区间见表7-1）。

湿度对散热的影响：当温度处于舒适区时，湿度对猪的散热影响不大，当处于高温状态时，猪的蒸发散热量就取决于环境的温度和潮湿程度。当猪处于高温高湿环境中，猪的散热就相当困难，加剧了猪的热应激；在低温高湿环境中猪的可感温度大幅提高，这就加剧了猪的冷感，加剧冷应激。当猪长期处于高温高湿环境中时，基础代谢降低以减少产热进而维持热平衡，低温高湿环境中，猪通常提高代谢率用以增加产热维持热平衡。

高湿会造成猪的生产性能和繁殖性能下降，在舒适温度区间时，湿度对猪影响不大，但温度偏高，高湿会导致猪的日增重下降、影响仔猪的断奶，影响猪的性欲，降低母猪的产仔数。高湿会造成机体抵抗力减弱，发病率上升，高温高湿环境有利于病原性真菌、细菌和寄生虫的生长发育，利于传染病的传播；低温高湿状况下，猪易患各种感冒性疾病和神经痛、风湿、关节炎和肌肉炎的疾病，但温度舒适时高湿有助于空气中灰尘的下降，使空气净化。低湿如果加上高温就容易使裸露的皮肤和黏膜发生干裂，从而减弱皮肤和黏膜对微生物的防卫能力，容易引起一些呼吸系统疾病。

## 176. 气流对养猪生产有什么影响?

流动的空气称为气流，空气的流动就产生了风。气流对猪的影响主要集中在猪的热调节、猪的生产力及健康等方面。

气流对猪的散热主要是对流散热和蒸发散热。当温度低于猪的体表温度时，增加流速有利于散热，当温度过高时，高风速反而会导致猪的热量增加。在低温低湿环境中提高风速时，由于对流散热的增加容易加剧冷应激；高温低湿环境中，风速的增加有利于猪的散热。在舒适温度区间时，风速对产热量没有影响，当温度高于猪体温时，增加风速有助于延缓产热量的增加，低温时，增加风速就会显著的增加猪只的产热量，以维持体温的稳定。

在低温环境中，增加风速会降低猪只的生长发育；在高温环境中，增加风速可以提高猪只的生长和繁殖性能。在舒适温度时，风速的大小对猪健康的影响不大，但在低温高湿环境中增强风速会引起猪的关节炎、冻伤、感冒等疾病的发生，同时也会造成仔猪体感温度降低，从而导致死亡率增加。

## 177. 有害气体对养猪生产有什么影响?

猪舍中常见的有害气体有氨气、硫化氢、二氧化碳、一氧化碳等，猪舍内常见有害气体临界值标准见表7-2。

表7-2　猪舍内空气卫生指标　　　　　（单位：毫克/米³）

| 猪舍类别 | 氨 | 硫化氢 | 二氧化碳 |
|---|---|---|---|
| 种公猪 | 25 | 10 | 1 500 |
| 空怀妊娠母猪 | 25 | 10 | 1 500 |
| 哺乳母猪 | 20 | 8 | 1 300 |
| 保育猪 | 20 | 8 | 1 300 |
| 生长育肥猪 | 25 | 10 | 1 500 |

注：摘自GB/T 17824.3—2008。

（1）**氨（$NH_3$）** 氨是无色具有刺激性臭味的气体，极易溶于水，1体积的水可以溶解700体积的$NH_3$。

在猪舍内，氨的来源主要是由含氮化合物（猪的粪、尿，以及料槽剩余饲料等）分解产生。猪舍内$NH_3$的含量主要受猪的密度、猪舍地面结构、舍内通风换气情况以及管理水平等因素的影响。根据氨的来源可知，$NH_3$主要是从地面和猪只周围产生，因此圈舍的下部含量较高，且分布不均匀。在潮湿的圈舍内，如果通风不良，容易导致舍内$NH_3$浓度增加。

$NH_3$极易溶于水，在圈舍内，$NH_3$常常溶解或吸附在潮湿的地面或墙体表面，也会溶于猪的黏膜上，刺激猪的呼吸道黏膜，引起黏膜充血、喉间水肿等疾病；$NH_3$进入呼吸系统后会引起猪只咳嗽，打喷嚏，上呼吸道黏膜充血，红肿，分泌物增加；$NH_3$进入肺部后会通过肺泡进入血液，并与血红蛋白结合成碱性高铁血红素，降低血液运输氧的能力，造成机体缺氧；短时间少量吸入$NH_3$很容易变成尿液排出，因此不容易中毒，但长期暴露于高浓度的环境中，会引起碱性化学性灼伤，组织溶解、坏死等问题。因此在养猪生产中，要时刻注意保持圈舍通风良好，保证空气质量。

（2）**硫化氢（$H_2S$）** $H_2S$是一种无色、有恶臭味的气体，易溶于水，具有可燃性，当浓度达到一定程度时会发生爆炸，在0℃时，1体积的水能够溶解4.65体积的$H_2S$。圈舍的$H_2S$主要来源于猪的粪便、尿液、饲料等含硫有机物的分解。当给予猪只含硫高的蛋白质饲料时，或者机体消化系统紊乱时，猪只都会排出大量$H_2S$。$H_2S$的分子质量相对较高，且其发生地主要位于地面或猪只周围，因此$H_2S$主要分布在圈舍下部。

$H_2S$主要刺激猪的黏膜，引起眼结膜炎、鼻炎和气管炎等炎症；$H_2S$具有强烈的还原性，$H_2S$进入肺泡后进入血液循环，与氧化性细胞色素氧化酶中的三价铁离子结合，使酶失去活性，影响细胞的呼吸作用，造成组织缺氧。猪长期生活在低浓度$H_2S$环境中会感到不舒适，生长缓慢，高浓度的$H_2S$会直接抑制呼吸中枢，引起窒息和死亡。

（3）二氧化碳（$CO_2$）　$CO_2$为无色、略带酸味的气体，略溶于水。圈舍内空气中的$CO_2$主要来源于猪只的呼吸作用，$CO_2$在圈舍内的分布很不均匀，通常集中分布于猪只活动区域、料槽附近及靠近天棚的上部空气。

$CO_2$本身无毒性，它的主要危害在于造成猪只的缺氧，引起慢性毒害。猪舍内中高浓度$CO_2$的出现，表明圈舍通风不良、舍内氧气消耗量较高。氧浓度的下降，二氧化碳浓度的升高常常造成猪的慢性缺氧、生产力下降、体质变弱、容易感染结核等慢性传染病。

## 178. 光照对养猪生产有什么影响?

大量实验表明，母猪舍内光照强度以60~100勒克斯为宜，光照强度过小会使仔猪生长缓慢，成活率降低；育肥猪的光照强度采用40勒克斯为宜，弱光会造成育肥猪安静，减少活动，提高饲料利用率，光照强度小于5勒克斯，猪的免疫力和抵抗力降低，过强的光照会引起肥猪兴奋，减少休息时间增加甲状腺素的分泌，提高代谢率，从而影响增重和饲料利用率。适当的光照强度有利于动物的繁殖活动，光照强度从10~45勒克斯能够将小母猪的初情期提前30~40天，光照强度从10~100勒克斯增加时，公猪的射精量和精子密度显著增加。

同时光照时间也会对猪产生影响，持续光照会使母猪发情期延长，用长光照处理母猪，会提高仔猪的成活率，增加断奶窝重。延长光照能够刺激动物的采食活动，具有促进生长的作用，同时能够促进腺垂体分泌生长激素、催乳素、促甲状腺素和促肾上腺皮质激素等，从而增加母体的产奶量。

## 179. 噪声对养猪生产有什么影响?

噪声是指物体无规则、无周期性震动所发出的声音。另一方面从生理学观点来解释，是指使家畜讨厌、烦躁、影响家畜正常生理机能、导致家畜生产性能下降的声音。近年来随着畜牧业生产的发展，自动化、机械化程度的不断提高，噪声的来源也越来越广，强度也越来越大，有些已严重地影响到了家畜的健康和生产性能。

猪舍噪声的主要来源有：①猪舍外界传入；②猪舍内机械设备工作产生；③饲养员或技术员在工作操作过程中以及猪自身产生的。猪只受到噪声刺激影响较大，表现为受惊、四处狂奔等，但猪只能够比较快的适应重复的噪声，所以即使受到噪声的影响也不会对猪只食欲、增重和饲料转化率方面产生明显的影响。当猪突然受到高强度噪声的影响时，容易造成死亡率增加，母猪受胎率降低，出现流产、早产现象。但相对于奶牛、鸡等动物来说，噪声对猪的影响较小，只要保证不出现突发性高强度噪声，就能保证养猪生产的顺利进行。

## 180. 饮水温度对养猪生产有什么影响？

饮水温度对养猪生产具有十分重要的影响，原则上说，猪的饮水温度应该与猪的体温相近，只有温度适宜才能最大程度地降低对猪肠胃的刺激。由于猪舍的水源通常位于舍外，冬天环境温度较低将导致猪的饮水温度偏低，在大多数情况下都会低于猪的体温，如果猪引用温度过低的水，将会对养猪生产产生较大的危害。

低水温对养猪生产影响最大的还是仔猪，尤其是断奶仔猪。断奶前一直从与体温相近的母乳中获得水分，几乎不需要额外饮水，断奶后由于没有母乳就必须饮水，如果饮水温度过低将会给仔猪造成很多不利的影响：①造成冷应激，免疫力下降，易生病；②水温过冷容易刺激仔猪的肠胃，引起仔猪腹泻，甚至会造成仔猪死亡；③水温过低会影响仔猪的饮水量，仔猪饮水量降低会影响仔猪的采食量，从而降低仔猪的生长速度。

其次影响较大的还有哺乳母猪，哺乳母猪需要为仔猪提供母乳，因此哺乳母猪每天至少需要饮用20升水，如果饮水温度偏低，会增加机体的能耗，影响母乳的数量和质量，从而导致仔猪腹泻和生长不良；另外寒冷季节冷水的口感差，哺乳母猪饮水量显著降低，从而导致母猪的采食量降低，母猪缺乏能量来源时，会将体脂转化为乳脂，引起母猪体重下降，影响母猪的下次发情和配种。

总体来说，饮水温度过低对各个阶段猪的生长发育都是不利的。饮用温度过低的水，将会消耗机体自身的热量来加热饮用水，这样将会造成饲料的消耗量增加，降低料肉比，影响生长发育。生长育肥猪的饮用水的适宜温度在16~25℃，而小猪皮薄，饮水温度高于25℃比较合适，母猪饮用水适宜温度则在20~25℃之间。

# 第三节 猪舍环境控制措施

## 181. 冬季猪舍如何进行保温？

近年来，我国保温材料发展迅速，不少产品从无到有，从单一到多样化，且质量也逐渐提高，已经形成了以膨胀珍珠岩、矿物棉、玻璃棉等为主的品种齐全的产业。养猪业逐渐朝着规模化现代化方向发展，更多的养猪企业使用全封闭式猪舍，因此做好建筑的保温工作就显得尤为重要。

（1）位置及朝向 对猪舍的保温首先考虑的是圈舍的位置以及朝向，建筑的朝向不仅影响到圈舍的采光，同时也关系冷空气的侵袭。通常情况下圈舍坐北朝南有利于避风和冬季采暖，现代化的猪舍通常不考虑圈舍的位置和朝向。

（2）圈舍墙体 关于圈舍墙体的保温，在做保温的同时需要保证墙体材料的保温性能以及厚度（墙体厚度越厚通常其保温性能越好），墙体的保温通常可以分为内保温，外保温和夹心保温，由于圈舍内要进行消毒、冲洗，同时猪只会拱墙体，所以内部保温使用不多。市面上常见的几种保温材料有：

①保温砂浆：保温砂浆是以各种轻质材料为骨料，以水泥为

胶凝料，掺入一些改性添加剂，经过搅拌混匀而制成的预拌干粉砂浆，具有耐久性好，施工方便等特点，该材料主要用于建筑的外墙保温。

②保温板：将保温材料（岩棉板、聚苯乙烯泡沫（EPS）、挤塑聚苯乙烯保温板（XPS）通过外挂、浇筑或者粘贴的方式覆于外墙对圈舍进行保温。

**（3）门窗及屋顶** 门窗的设计要尽量减少门窗的面积，门板使用专门的保温夹层，窗户尽量使用双层中空玻璃，保证保温性能；吊顶的保温，吊顶通常有方便通风、保温和隔热的作用，猪舍中使用的吊顶保温层一般要求使用材料必须质轻、阻燃、隔热。一种是棉类保温板，比如：玻璃棉板、岩棉板、硅酸铝棉板等，价格相对便宜，但是不环保；另一类是无机保温材料，比如复合硅酸盐、稀土等，这些材料使用费用偏高。屋顶保温与吊顶保温材料类似，猪舍屋顶通常使用钢结构，可以使用岩棉板等做夹层或者直接使用新型无机保温材料在屋顶上喷涂，同样也可以使用阻燃性泡沫夹心彩钢板。

## 182. 冬季猪舍如何进行有效供暖？

在猪舍环境温度达不到要求时，就需要采取相应的供暖设备对猪舍或局部区域进行加热。猪舍的供暖通常分为集中供暖和局部供暖。集中供暖是指由一个集中的热源（通常使用的是锅炉），将热气、蒸汽或者预热后的空气通过管道输送到舍内或者舍内的散热器的方式。局部供暖则是指对局部区域进行加热的方式，猪舍中通常使用的局部供暖方式有保温灯、保温板、地暖等。随着养猪生产的不断发展，规模化、现代化猪场逐渐成为养猪生产的主流，现代化猪舍建设通常具有较好的保温效果，因此冬季通常不需要进行猪舍集中供暖。现代化猪舍中的供暖通常体现在对哺乳仔猪和保育仔猪的生产过程中。

**（1）红外保温灯** 目前猪场中广泛使用的仔猪保温方式，该设备通常配合仔猪保温箱使用，将红外保温灯悬挂于保温箱正上方，根据仔猪的躺卧情况以及温度情况及时调整保温灯高度，保证合适的温度。

（2）**恒温保温板** 近几年来逐渐在大型猪场广泛使用的仔猪保温设备，恒温保暖板可以通过温度控制器实时调整保温板温度，通过调整猪只躺卧区域的温度，保证仔猪腹部温度舒适，适用大型工厂化养猪场。市面上出现的保温板主要有两种类型，一种是电暖保温板，另外一种是水暖保温板，水暖保温板通过加热管道里有循环流动的水提供热源，发热均匀，舒适性更好。

（3）**地暖** 通电后通过水泥地下铺设的发热电线或电阻丝发热而使地面升温，以达到采暖和保温的目的，地暖通常应用于保育舍。

## 183. 猪舍常用通风系统如何进行通风？

通风是猪舍环境质量的重要保证，猪舍通风系统的合理设计不仅能够及时将舍内污浊空气排出，补充足够的新鲜空气，同时能够在夏天起到一定的降温作用，通风系统是提高养猪生产效率必不可少的方式。通风是利用猪舍内外的热压、风压或者气压差将舍内的污浊空气排出，同时将舍外新鲜空气补充到舍内的过程。通风还能够使舍内产生气流，有利于对流散热。根据气流运动动力不同将通风系统分为自然通风系统和机械通风系统两种。

（1）**自然通风系统** 自然通风系统中气流运动动力来源于自然对流形成的热压和风压，不需要安装通风设备，充分的利用空气的风压和热压，通过控制猪舍朝向以及进气口的位置和大小进行合理设计，使猪舍实现通风换气。猪作为猪舍热源使周围空气温度升高，密度降低，产生向上的气流，从而使周围的空气密度低于外界环境，而其上部空气密度高于外部环境，舍内外的密度差将驱使空气通过猪舍的通气口产生对流交换，即舍外新鲜空气通过较低的通气口进入，舍内空气通过较高的通气口离开圈舍。自然通风系统的主要驱动力是自然风，自然风风向多变并且难以控制，并不适合在规模化猪场中使用。

**（2）机械通风系统** 机械通风系统气流运动的驱动力主要来源于风机，根据驱动原理的不同可以将其分为负压通风、正压通风以及等压通风三大类。

①负压通风系统：养猪生产中最为常见的通风方式，是指使用风机将舍内空气排出到舍外，造成舍内气压降低，迫使舍外新鲜空气通过进气口流入到舍内，从而实现通风换气。在该系统中，通风换气量的大小主要取决于风机的通风量，而舍内气流分布的均匀程度主要取决于进气口的位置、形状等。为保证较好的通风效果，通常进入进气口的风速控制在4~5m/s，同时要保证圈舍的密闭性，在运行过程中将门窗等关严。

②正压通风系统：由风机直接将舍外的新鲜空气输送到舍内，与舍内的污浊空气进行混合，此时舍内空气的压力高于外界空气，因此舍内空气通过排气口排出到舍外，实现猪舍的通风换气。正压通风系统交换气体通过猪舍外围结构所有的开口包括敞开的门窗排出舍外。

③等压通风系统：指同时使用正压和负压风机，正压风机将舍外新鲜空气带入舍内，负压风机将舍内污浊空气排出，在整个系统中正压和负压风机同时运行以维持舍内空气压力基本保持不变，可以减少门窗关闭不严导致的通风效果不佳的问题。等压通风系统成本相对较高，在养猪生产中使用较少。

## 184. 猪舍夏季通风模式有哪些？

猪舍通风主要有两个作用，一个是将圈舍内有害气体排出保证舍内空气新鲜；二是降低圈舍温度。根据通风的方向可以将其分为水平通风和垂直通风，其中水平通风又分为横向通风和纵向通风。

水平纵向通风是指舍内气流方向与畜舍长轴方向平行的机械通风方式，风机位于一端山墙，进风口位于另一端山墙（或侧墙），风从圈舍一端以较大流速流向另一端，该模式主要应用于夏季通风降温，同时纵向通风因为距离过长可能存在两端温度出现差异，当圈舍过长时，可以将风机安装在两端或者中部，进气口设置在中部或者两端，同时一定要控制圈舍长度，通常进风口和出风口的距离不宜超过100米。

水平横向通风及横向负压通风，该通风方式在养猪生产中应用广泛，进风口位于猪舍一侧的侧墙上，出风口位于另外一侧的侧墙上，即一侧进一侧出；另外还有一种为顶吸式，进风口位于两侧的侧墙上，风机安装在屋顶上，即从两侧进顶端出。该通风方式通常距离较短风速较小，适合用于冬季通风换气。

垂直通风是最近几年慢慢应用于我国的养猪生产中的通风方式，其进风口位于圈舍吊顶上，风机位于地沟的出风口，风从吊顶进入，垂直进入猪舍，通过漏缝地板进入粪坑，通过粪坑风道排出。粪坑内有害气体浓度相对较高，垂直通风模式能够将有害气体通过粪坑排出到舍外且不经过舍内，因此能够保证舍内空气质量。其中该通风方式最典型的代表便是奥斯盾公司的Airworks猪舍，如图7-1所示。

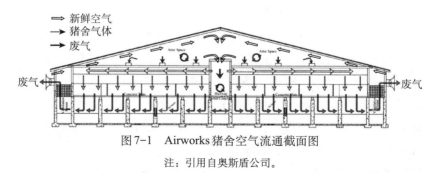

图7-1　Airworks猪舍空气流通截面图

注：引用自奥斯盾公司。

## 185. 猪舍常用清粪方式有哪些?

养猪生产中常见的清粪工艺有水冲粪、水泡粪、干清粪工艺。

**（1）水冲粪工艺**　是20世纪80年代我国引进国外规模化猪场

的主要清粪方式。使用该方式能够及时、有效地将猪舍内的猪粪和猪尿排出，保持猪舍内的环境卫生，减少劳动力的投入成本。水冲粪的主要方法是粪尿通过自动流入或者用水冲洗等方法进入粪沟，随后在粪沟的另一端放水冲洗粪沟，将粪污冲至主干沟，进入储粪池。该方法的主要优点是能够保持猪舍内的环境卫生，劳动强度小，适用于劳动力缺乏地区的养猪生产；主要缺点是，用水量太大，需要消耗大量的水来冲洗猪舍内的粪便，成本相对较高。

（2）**水泡粪工艺**　在水冲粪工艺上改造而成，该工艺是在猪舍内的排粪沟中注入一定量的水，粪尿和冲洗用水进入粪沟，储存一定时间后，打开出口的阀门，将粪污排出进行处理。该工艺的优点是相对于水冲粪工艺节约了大量水，在使用过程中，猪舍通常使用全漏缝地板，地表不宜存留猪只粪便，更加清洁，节约劳动力成本。当然该方式也存在着明显的缺点，由于粪尿长时间停留在猪舍内，会产生大量有害气体，影响猪只和工作人员健康。使用新型垂直通风系统能够进行有效解决该问题，垂直通风系统中，圈舍气体通过漏缝地板进入粪坑，通过粪坑排出圈舍。现阶段，越来越多的猪场使用尿泡粪工艺，这种方式注水量少而且排空周期较短，有利于进行固液分离或生产沼气。

（3）**干清粪工艺**　粪尿一经产出就进行分流，干粪由机械或人工收集、清理，尿液及冲洗水通过下水道流出，粪尿自行分类处理。干清粪工艺通常有人工清粪和机械清粪两种方式，人工清粪只需要一些清粪工具即可，但是劳动量大，生产效率低；机械清粪包括铲式清粪和刮板清粪，猪场中常使用刮板清粪。机械清粪可以降低劳动力成本，提高工作效率，但是投入较高，维持成本较大，而且对粪坑的施工精度要求较高，因此对于机械清粪还需要解决一些实际问题才能得到广泛的应用。

## 186. 物联网技术在猪舍环境控制方面有何应用？

随着物联网技术的快速发展，物联网技术已经渗透到各个领域。中国畜牧业物联网技术在近年来得到了长足的发展，并且不断得到相关养殖人员的重视，物联网技术越来越多的应用于我国的畜牧生产过程中，大量规模化养殖场建设成为以物联网为基础的自动化、智能化养殖场，大量节约人力物力，提高生产效率，提高经济效益。近年来我国生猪养殖已逐步实现以物联网技术为依托的现代化，自动化生产模式，物联网技术广泛应用于猪舍环境监测及控制。

近年生猪生产不断追求低成本、高效率、高效益，不可避免地造成了猪舍生产环境的恶化，猪舍环境已成为制约养猪生产发展的重要因素。良好的猪舍环境能够有效地提高生产效率，降低养殖成本。猪舍环境质量的影响因子主要有温度、湿度、风速、有害气体浓度等。目前，物联网技术在养猪生产过程中的应用也主要集中在对猪舍环境的控制方面，使用不同类型的传感器对猪舍的温度、湿度、有害气体浓度进行实时监测，同时将监测信息反馈给服务器，通过对相关信息的处理，对舍内通风系统、加热系统等进行控制，实现猪场环境控制的自动化。同时有研究表明，利用传感器网络控制系统对猪只进行实时监测，能够分析出猪只的最适环境。利用不同传感器实现对猪舍环境的监测，能够有效地降低劳动力成本，提高生产效率。对不同传感器的开发利用，能够为养猪生产者提供更为高效的环境监测技术。

# 第四节　猪舍降温技术

## 187. 猪舍常用降温技术的原理有哪些?

根据猪只的散热途径可以总结为传导降温技术、对流降温技术、辐射降温技术和蒸发降温技术。

**（1）传导降温技术**　主要是为猪只提供温度较低的物体，猪只通过调整行为姿势，靠近该物体进行传导散热。主要方法有使用冷枕头，猪的冷枕头是由金属管来回弯曲成的方形块和其中的循环水组成，使用冷枕头能够在猪的头部进行局部传导降温。

（2）**对流降温技术** 主要是通过通风系统将猪舍内多余的热量排除舍内，控制猪舍的温湿度以及空气质量，保证舍内空气质量。在夏季，由于猪只的显热和潜热等热量的散发，导致舍内温度高于舍外温度，因此使用通风技术能够排除舍内的热空气，同时增加动物体表的对流散热，具有一定的降温效果。

（3）**辐射降温技术** 是指猪只通过辐射向周围温度较低的物体散热，同时也可能受到其他高温物体的辐射而吸收热量。在实际生产中，常见的热辐射主要是太阳辐射，阻挡太阳辐射是有效的辐射降温技术。由于养猪生产大部分是在密闭性、隔热性能较好的环境中饲养，因此辐射降温技术在养猪生产中使用较少。

（4）**蒸发降温** 通过将水或其他液态物质转换成气态过程中吸收动物体热量来降低温度的方式。对流、传导、辐射散热方式都取决于动物与环境的温差，当温度升高时，动物体不仅不能通过这几种方式散热，反而会通过这几种途径吸收热量，因此蒸发散热是高温天气时猪舍降温较好的方式。蒸发降温通常伴随着猪舍空气温度和湿度的增加，因此蒸发降温过程中往往会强制通风。

## 188. 猪场常见的蒸发降温方式有哪些？

目前猪场常见的蒸发散热方式有：水帘风机降温系统、喷雾降温系统、喷淋降温系统、滴水降温系统。这几种降温方式可以分为两大类，其中水帘风机降温系统和喷雾降温系统是通过水分蒸发降低猪舍环境温度，提供舒适的生存环境；另一类是将水直接喷洒或者滴在猪只体表，通过蒸发带走猪只体表热量，降低猪只的体感温度，以达到降温的效果。

### 189. 什么是湿帘风机降温系统？有哪些特点？

湿帘风机降温系统是我国猪场最常用的猪舍降温系统。该系统是在猪舍一端侧墙或者山墙上安装湿帘，另外一端安装风机。风机运行将舍内污浊空气排出猪舍，猪舍内产生负压，外界新鲜空气通过另外一端水帘进入舍内，进入舍内的空气在通过水帘时在低温中进行热交换，使水带走热量，从而降低猪舍内空气温度。

湿帘风机降温系统是相对比较成熟的降温技术，该系统的特点：

①能耗低、降温效率高、使用寿命长、降温均匀等优点。

②与其他蒸发降温系统比较投入相对较高。

③在运行期间水帘长期是湿润的容易生长青苔，在停运期间又容易被灰尘堵塞、易遭遇鼠害，因此需要精心管理和维护。

④在冬天通常为猪舍进风口，由于面积较大，因此需要做一些必需的密闭处理。

⑤仅适用于密闭式猪舍，开放或半开放型猪舍若要使用该系统必须进行相应的改造。

### 190. 什么是喷雾降温系统？有哪些特点？

近年来越来越多的猪场是使用喷雾降温系统，喷雾降温系统将产生的细小雾粒向猪只周围喷射，雾粒在下降的过程中吸收空气中的热量蒸发，同时降低猪周围空气温度。在自然通风条件下，水分的蒸发相对较慢，因此强制通风能够加快水分的蒸发，同时能够及时将湿度偏高的舍内空气排出，因此机械通风是喷雾降温系统必不可少的部分。

喷雾降温系统的特点：

①系统运行需要不同的压力才能产生不同大小雾滴。

②相对于湿帘降温，该系统一次性投入成本较高。

③使用范围广，安装使用方便，对猪舍使用条件要求相对

较低。

④由于产生的雾滴较小，喷头容易发生堵塞。

⑤相比于湿帘降温系统，该系统的工作效率要降低很多。

## 191. 什么是喷淋降温系统？有哪些特点？

在炎热的夏季，出汗是绝大多数动物进行降温的有效途径，猪只汗腺不发达，因此就需要通过呼吸增加蒸发散热，过度的喘息容易导致猪只生产和繁殖性能下降。为了弥补其汗腺不足的缺陷，科学家们提出了体表喷淋降温的方法。体表喷淋降温是利用动物出汗的原理，将水分喷洒在动物体表，有较多的水分穿透动物的被毛到达动物皮肤表面，水分蒸发直接带走动物体表热量，帮助动物散热。

喷淋降温系统的特点：

①相比较于喷雾降温系统，该系统通常不需要进行加压，使用自来水压力即可。

②系统投入成本相对较低。

③喷淋降温系统的喷头不容易堵塞，维修、置换方便。

④喷水量较大，容易造成地面潮湿，增加环境湿度。

⑤使用限制较小，使用范围广，安装方便。

⑥为更好地提高降温效果，需要对喷水量和喷水间隔进行优化后使用。

## 192. 什么是滴水降温系统？有哪些特点？

在炎热的夏季，猪只热量大部分是通过呼吸或者体表散发，猪的耳后背颈部血管分布多，血流量大，可以将大量的热量带到皮肤，此处温度较高。滴水降温系统就会利用该原理对猪只体表进行降温。当水滴到达猪只颈部时通过传导作用吸收部分体热，同时使用强制通风系统将风送至猪只背颈部，加快水分蒸发有带走部分热量，使猪的体感温度降低，从而达到降温的目的。

滴水降温系统的特点：

①降温方式是对猪只进行局部进行降温。

②相对于其他几种降温方式，其用水量小。

③投入成本低。

④分娩舍的滴水降温系统，只能用于母猪降温。

# 第八章　猪疫病防控

## 第一节　疫病控制

### 193. 猪场常用的消毒方法有哪些?

猪舍消毒，包括猪舍墙壁、舍内设施、舍外运动场、饮水、饲料、垫料、粪便等的消毒。各种消毒方式均可使用。

（1）**日光消毒**　阳光中的紫外线具有杀菌作用，运载动物的车辆等经机械消毒后可放在日光下曝晒消毒，有条件时动物饲养圈舍也可用日光曝晒消毒。日光照射对猪围栏、运动场、饲槽以及饲养人员的工作服等都具有消毒作用。

（2）**紫外线消毒**　在猪场入口、动物疫病诊断室、无菌操作室、手术室、更衣室等空间和物体表，用紫外线灯照射，可以起到杀菌效果，每次消毒30分钟以上。

（3）**干热消毒**　诊断动物疫病所用玻璃器皿等放入干燥箱中，在150~160℃经1~2小时进行干燥消毒。

（4）**焚烧消毒**　被动物疫病污染的垫草、粪便等污物和病死（扑杀）动物尸体采用焚烧消毒，以烧成灰烬为止。

（5）**煮沸消毒**　准备消毒的物品擦洗干净后浸入水中，加热煮沸5~30分钟，待自然冷却后取用。凡是耐热、耐湿的物品，如金属制品、衣物、玻璃器皿都可以用煮沸法消毒。

（6）**化学消毒**　对于密闭的场所空舍时可采用甲醛熏蒸，带猪可采用有效的化学消毒药物进行喷洒或喷雾。消毒药物要轮换使用，用量要根据说明而定，不要擅自加大剂量。消毒前一定要彻底清扫，消毒时要使地面像下了一层毛毛雨一样，不能太湿（以免猪腹泻），也不能太干（起不到消毒的作用），每个角落都要喷到。消毒时要让喷头在猪的上方使药液慢慢落下，不要对着猪消毒。

**（7）浸泡消毒** 将被消毒物品浸泡于规定的药物、规定的浓度溶液中，或将被病原感染的动物浸泡于规定药物、规定浓度的溶液中，按规定时间进行浸泡。

**（8）其他** 如发酵法：在坑（堆）底面垫一层稻草或其他秸秆，再堆入待消毒的粪便等污物，再盖一层塑料膜，堆放1个月（夏天）至3个月（冬天）后可作农肥。

## 194. 猪舍温度对猪疾病发生有何影响？如何应对？

猪只皮下脂肪较厚，调节体温的能力差，对环境温度的高低非常敏感。高温低流速空气时，猪群会感到炎热，从而采食量下降，生长缓慢，繁殖性能下降，而一旦母猪摄入的能量和营养不足，会导致仔猪的发育、营养不良和免疫力下降。

当猪舍内低温、有空气流通时，猪群会感到非常寒冷，采食量增加，饲料转化率降低，猪的免疫力下降，易患各种疾病，尤其是仔猪的身体机能发育不完善，很容易发生疾病或被冻死。

各阶段猪群所需要的温度是不同的，这就需要生产管理者时刻了解温度，控制温度，以最大限度减小因为温度的不适当导致的应激和对生产的影响，各阶段猪群的最适温度范围：种公猪17~21℃，妊娠母猪18~21℃，哺乳母猪20~22℃；哺乳仔猪29~33℃，保育仔猪22~25℃，育肥猪19~22℃。

很多猪只着了凉，受了寒就会感冒，引发一系列的症状，比如咳嗽、发烧、饮食差等。这就需要在天气变化时做好应对措施。除了一些必要的保暖设备以及措施外，我们还要利用中午高温时段，打开门窗通风，排除舍内潮气和有害气体。此外还可白天增加喂食次数，适当增能量饲料的比例。

饲养员应有高度的责任心和事业心，必须认真观察母猪和乳猪的睡姿、采食、健康等情况来调节温度。如断奶仔猪，温度高了，仔猪不采食，大量喝水，分散睡或不睡觉乱跑；温度低了，仔猪挤成一团。饲养员应该根据这些情况及时调剂温度，以保证仔猪的最适温度状态。

**（1）高温应对措施**

①提高日粮水平（特别是能量、蛋白质、维生素），补充猪只的营养，保证新鲜、充足、清洁的饮水，及时清理水槽中不干净的水，提高猪群抗病力。

②加强通风，降低饲养密度，及时清除粪尿，保持猪舍清洁。采用遮阳措施减少阳光照射。在猪舍内尽量采取湿帘降温或经常洒水，促进猪体蒸发散热，应用最为广泛的湿帘降温系统，可使舍内空气温度比舍外低3~7℃。

③在早、晚凉爽时饲喂湿拌料，在饲料或饮水中投放抗应激药物，如维生素C、维生素E、B族维生素，可有效提高猪的抗应激能力。

**（2）低温应对措施**

①保证饲料营养水平，尤其是能量要高。必要时添加油脂，条件允许时可给猪饮干净的温水。

②合理加大饲养密度，增加猪舍的保温条件，可采用电暖、水暖等方式提高猪舍温度，降低舍内湿度，及时清除粪尿。

③尽量采取多量、多次饲喂的方式，增加饲喂次数和饲喂量，适当通风，控制猪舍内有害气体的浓度，防止贼风侵袭。

## 195. 猪舍湿度对猪疾病发生有何影响？如何控制猪舍湿度？

猪只由于皮下脂肪较厚，调节体温的能力差。当猪舍内高温、高湿、空气流通差时，猪群会感到闷热难耐，导致猪的采食量下降，生长缓慢，繁殖性能下降。而一旦母猪摄入的能量和营养不足，会导致仔猪的发育、营养不良和免疫力下降。

湿度是用来表示空气中水汽含量多少的物理量，常用相对湿度来表示。舍内空气的相对湿度对猪的影响，和环境温度有密切关系。

猪舍内的适宜湿度范围为65%~75%。湿度过高影响猪的新陈代谢，是引起仔猪黄白痢的主要原因之一，还可诱发肌肉、关节等方面的疾病，并导致皮肤干燥或干裂等问题。湿度控制措施：

**（1）加大通风**　只有通风才可以把舍内水汽排出，通风是最好的办法；但如何通风，则根据不同猪舍的条件采取相应措施，加大通风的措施有：

①抬高产床　使仔猪远离潮湿的地面。

②增大窗户面积　使舍内与舍外通风量增加。

③加开地窗　相对于上面窗户通风，地窗效果更明显，因为通过地窗的风直接吹到地面，更容易使水分蒸发。

④使用风扇　加强空气流动。

**（2）化学处理**　舍内地面铺撒生石灰，可利用生石灰的吸湿特性，使舍内局部空气变干燥。

**（3）其他**　降湿的方法还有很多：如舍内升火炉、用空调、加大通风量等，都可以降湿；节制用水，控制冲洗地面次数和防止水管漏水也可以降低湿度。

## 196. 猪场消毒药有哪些种类？

根据原国家卫生部发布的消毒技术规范和消毒剂的杀菌水平，将猪场消毒剂分为如下3类：

**（1）高效消毒剂**　可杀灭各种微生物（包括细菌芽孢）的消毒剂，如戊二醛、过氧乙酸、含氯消毒剂漂白粉、次氯酸钠、次氯酸钙（漂粉精）、二氯异氰尿酸钠（优氯净）、三氯异氰尿酸等。

**（2）中效消毒剂**　可杀灭各种细菌繁殖体（包括结核杆菌），

以及多数病毒、真菌，但不能杀灭细菌芽孢的消毒剂。如含碘消毒剂（碘伏、碘酊）、醇类、酚类消毒剂等。

**（3）低效消毒剂** 可杀灭细菌繁殖体和亲脂病毒的消毒剂。如苯扎溴铵（新洁尔灭）等季铵盐类消毒剂，氯己定（洗泌泰）等双胍类消毒剂等。

预防消毒时，根据消毒对象和消毒任务的需要选择适当的消毒剂；若有疫病发生，最好选用高效消毒剂进行扑灭，或选用已经权威机构检验鉴定杀灭效果确切的消毒剂进行扑灭。

评价消毒剂的消毒效果，主要采用法规上要求的标准菌株和从环境、水及产品中分离出来的典型菌株的在规定时间的杀灭效果，而生产实际中，主要可从消毒浓度、消毒体积（面积）用量、消毒方法等方面加以判定；对于舍内，可采用消毒前后，环境中平皿采样计数来评定。

## 197. 猪场出入口各种消毒方式有什么优劣？

**（1）紫外线** 优点是价格便宜，安装更换方便。但缺点较多：①杀菌不彻底。紫外线灭菌属杀菌级，不能干净彻底的杀灭细菌，对病毒基本没有杀灭作用。对霉菌的作用很差。②有死角。紫外线杀菌，光线照射不到的地方没有效果。超过紫外灯光源1.5米以外的范围基本无效。③有衰退。紫外线的杀菌能力随时间的增加而减退。④穿透力极弱。紫外线穿透力极弱，一张纸、一层布，甚至灰尘和湿度都影响效果，只适用于表面杀菌。

**（2）臭氧** 它可使细菌、真菌等菌体的蛋白质外壳氧化变性，从而杀灭细菌繁殖体和芽孢、病毒、真菌等。臭氧对大肠杆菌、链球菌、金黄色葡萄球菌的杀灭率在99%以上，并可杀灭肝炎病毒、流感病毒等。臭氧具有突出的杀菌、消毒、降解农药作用，被认为是一种高效广谱的杀菌剂。如果只对出入口的物品消毒，相对湿度在70%以上，采用20毫克/米$^3$浓度的臭氧，作用60~120分钟；有人的情况下，室内空气中允许臭氧浓度为0.15毫克/米$^3$。臭氧能进入衣服，消毒彻底，但过高浓度会引起人体不适，个别有过敏现象。

（3）**超声波雾化**　超声波雾化器是利用电子高频震荡，通过陶瓷雾化片的高频谐振，将液态水分子结构打散而产生自然飘逸的水雾，不需加热或添加任何化学试剂。与加热雾化方式比较，能源节省了90%。另外在雾化过程中将释放大量的负离子，与空气中飘浮的烟雾、粉尘等产生静电式反应，使其沉淀，同时还能有效去除甲醛、一氧化碳、细菌等有害物质，使空气得到净化，减少疾病的发生。但消毒离子太小（1~5微米），容易导致进入肺部，因此不能用刺激性与对人有损害的消毒药物；较难进入衣服内部，同时水的硬度要低，否则结水垢。

（4）**喷雾**　指用普通喷雾器喷洒消毒液进行表面消毒的处理方法。在喷洒有刺激性或腐蚀性消毒剂时，消毒人员应佩戴防护口罩、眼镜，穿防护服。不适于饲料、衣被等易吸湿发霉的物品消毒。

（5）**淋浴**　目前是人员出入及动物转运最好的消毒方式，适用于全封闭的猪舍；关键的是场内与场外物品需分开，不能混用。在妊娠母猪转运中，应避免拥挤。

## 198. 使用消毒药有哪些注意事项?

消毒药种类繁多，各种消毒药物的消毒谱也不相同，根据消毒的环境、目的等因素取舍，合理选择消毒药。使用时主要应注意：

（1）**药物安全性**　选择消毒药时，首先要考虑安全问题。作饮水消毒时，要首选卤素类消毒药，例如漂白粉、次氯酸钙等，而不能选择酚类、酸类、醛类和碱类消毒药，因为这些消毒药的腐蚀性较强，容易刺激胃肠道黏膜，引起消化不良或者消化道溃疡、出血等症状，严重者可使畜禽穿孔死亡。其次考虑人员的防护、用具的彻底清洗等问题。

（2）**消毒药的使用范围**　要及时更换消毒药，不同的消毒药有不同的消毒范围。酒精96%以上的没有75%的杀菌效果好；酚类消毒药只能用作空舍消毒；复合酚类消毒药对细菌、真菌、有囊膜病毒、多种寄生虫虫卵都具有杀灭作用，但对无囊膜病毒如细小病毒、腺病毒、疱疹病毒等无效；季铵盐类消毒药对无囊膜病毒消毒效果也不好；对于无囊膜病毒必须使用碱类、醛类、过氧化物类、氯制剂才能确保有效杀灭。此外，长期使用一种消毒药，容易产生耐药性，直接影响消毒效果。

（3）**正确的稀释方法** 消毒药原液一般不能直接使用，需要用自来水或白开水稀释后才能使用，做到随配随用。已配好的药液应尽可能采取密封施药的办法，当天配好的药液当天用完。开装后余下的消毒药应封闭在原包装中安全贮存，不得转移到其他包装中，如饮料瓶或食品的包装。不能用瓶盖量取消毒药或用装饮用水的桶配药，不应用盛药液的桶直接取水，不能用手或胳膊伸入药液中搅拌。高浓度的过氧乙酸能严重损害皮肤。配制高锰酸钾溶液时不要直接用手接触。对于用作饮水消毒的药物配制浓度一定要准确量取、科学配制。对于瓶装消毒液配制时要手握有标签的一侧，防止残留液腐蚀污染标签。

（4）**配伍禁忌** 氧化物类、碱类、酸类消毒药不能与重金属、盐类及卤素类消毒药配合，酸性消毒药不能与碱性消毒药配合，阴离子表面活性剂不能与阳离子表面活性剂配合。复合酚类消毒剂禁止与其他消毒药混合使用。高锰酸钾晶体遇到甘油可发生燃烧，在与活性炭研磨时也可能发生爆炸。

（5）**安全有效保管** 消毒药应尽量保存在儿童、猪只够不到的地方。尽量减少贮存期和贮存时间，应根据实际用量来购买消毒药，避免浪费和安全隐患。

## 199. 猪场要常备哪些药物?

猪场也是需要常备药的，但发现很多猪场有用没用的药物一大堆，过期又浪费。如何确定猪场所用药物的多少与比例，一般根据上一年各季度用药情况分类整理，来确定大致用量。少量偏冷的药物需1~2盒备用，不至于用时找不到药，为救治猪只争取宝贵时间。

（1）**解毒药**　阿托品、碳酸氢钠、维生素K、盐酸肾上腺等药物可少量备用。

（2）**维生素**　维生素C、B族维生素，治疗的辅助药，可适当应用，减少抗生素对机体的损害和辅助调节机体。

（3）**抗生素**　可以按药物性质分类，各类型中按使用性价比备药。青霉素、庆大霉素、林可霉素、氨苄青霉素、氟苯尼考、磺胺嘧啶钠、磺胺六甲等常规药物常备。

（4）**清热解毒药**　一般只要是抗生素有效，猪只会自动调节机体的发热量，1~2种少量备用即可。

## 200. 怎样制定种猪、商品猪适宜免疫程序?

制定合理的免疫程序是预防免疫接种的前提，免疫程序要根据猪群的免疫状态和传染病的流行季节、结合当地的具体疫情而制定，可从预防接种的疫病种类、疫苗种类、接种时间、接种次数以及接种剂量等几个方面考虑。

①对猪群危害性较大的疫苗以及强制免疫疫病，如猪瘟、口蹄疫等。

②依靠药物难以治疗的疫病，如伪狂犬病、乙肝脑炎、细小病毒病。

③抗原血清型种类，有些疾病的病原含有众多血清型，如大肠杆菌、副猪嗜血杆菌等，为免疫防治带来了许多的困难。若疫苗毒株（毒株）的血清型与引起疾病病原的血清型不同，即使免疫也难以取得良好的效果。

④免疫程序依据猪场疾病情况及其周边大环境的疫病情况而定。

⑤疫苗间的相互作用，猪从出生至出栏要经过多次的疫苗接种，因此，要考虑疫苗间的相互作用所带来的问题。不同疫苗的接

种方式及时间间隔是有要求的。

# 第二节　常见临床症状的鉴别与诊断

### 201.　猪病的基本诊断方法有哪些?

猪病的基本诊断方法有4种:临床检查、流行病学调查、病理学检查和实验室检查。

(1)**临床检查**　目的在于发现并搜集作为诊断依据的病征。症状是病猪所表现的病理性异常现象。一种疾病可能表现出许多症状,必须对每个症状在不同发病期结合发病时间给予一定的评价。作为某一疾病所特有的症状,常具有较为特异性的诊断意义;在疾病的初期所出现的前驱或早期症状,可为疾病的早期诊断提供启示和线索。

(2)**流行病学调查**　通过问诊或深入现场,对病猪和猪群、环境条件以及发病情况和发病特点等的调查,在探索致病原因、流行经过等方面有十分重要的意义。

(3)**病理学检查**　一种对病死猪或濒死期的猪进行剖检,用肉眼和显微镜检查各器官及其组织细胞的病理变化,以达到诊断目的的重要方法。

(4)**实验室检查**　应用微生物学、血清学、寄生虫学、病理组织学等实验手段进行疫病检验,为猪病确诊提供科学依据。

### 202.　怎样观察猪的健康状况?

在生猪生产中要做到"有病早治,无病早防",这样才能充分发挥猪的生产性能,提高生产效益。猪有病无病的判断方法主要有:

(1)**看外观**　健康猪躯体均称,肌肉丰满,春秋季节入睡时常常四肢伸开，稍有响动，立即惊起。否则就有病。

（2）**听叫声** 健康的猪叫声粗大而洪亮，如叫声嘶哑即有病。

（3）**看吃食** 健康猪食欲强，吃得又多又快，一般喂食10分钟左右就吃完。如无食欲或少食则可能有病。

（4）**看饮水** 健康猪饮水有规律，一般在吃食后。如不饮水或饮水过多，则有病。

（5）**看粪便** 健康猪的粪便成型、成团。如拉稀或拉干屎则有病。

（6）**看皮肤** 健康猪毛光水滑。如毛粗乱，有癣则有病。

（7）**看眼睛** 健康猪活泼有神，一般无眼屎。否则就有病。

（8）**看呼吸** 健康猪的呼吸均匀，如出现呼吸异常（单纯的胸式或腹式呼吸）则有病。

（9）**看鼻尖** 健康的猪鼻尖湿，病猪鼻尖发干。

（10）**看尾巴** 健康猪的尾巴卷起或左右摇摆。如尾巴下垂则有病。

## 203. 病猪的检查步骤和方法有哪些?

（1）**观察姿势和行为** 仔细观察猪在自由状态下的姿势、行为、营养状况、排粪尿情况及呼吸节律。

猪四肢缩于腹下而伏卧，这是恶寒的表现。猪呈犬坐姿势，常见于肺炎，胸膜炎，贫血或心功能不全。

猪的头颈外斜或做圆圈运动（向病侧），通常见于中耳炎，内耳炎，脑脓肿或脑膜炎。肢腿麻痹，共济失调，平衡失控，强直性或阵发性痉挛，表明神经有器质性病变或功能性损伤。

病猪弓背腿松弛及肢体位置异常，表明患肢有病不敢负重。敢踏不敢抬，病痛在胸怀；敢抬不敢踏，病痛在蹄甲。

猪的正常呼吸数变动范围很大，因而对病猪的呼吸数应与同栏健康猪进行比较加以判断，呼吸加快可有肺炎，心功能不全，胸膜炎。贫血和疼痛等引起腹式呼吸多见于肺炎和胸膜炎。

猪常发生咳嗽，流鼻液，表明呼吸道或肺部有炎症。

（2）**测量体温** 测量猪的直肠体温，如果病猪普遍持续高温，可能是急性败血性等热性传染病。

（3）**检查皮肤** 观察猪全身皮肤的颜色，有无出血斑点，丘疹坏死灶，结痂，肿胀，尤其要注意口、鼻、耳、腹下股内侧、外阴和肛门部皮肤的病变。

## 204. 发生猪病时怎样采样和送检病料？

在发生猪病过程中，该如何采集和保存病料，是目前很多养猪场不太清楚的问题，盲目采集病样，对检测人员也是加大负担。不同疾病的病原在猪的血液和脏器的分布是不同的，一般技术人员会根据发病情况、临床症状初步判定疾病的大致范围，合理的采集和保存病料在猪病临床和实验室检测中显得非常重要。

采集病料要及时，应在病死前或病死后立即进行，最好不超过6小时。

如果是分离细菌，应无菌采集脏器病料；肠道内容物或粪便的采集：肠道选择特征明显的部分将带有粪便的肠管两端结扎，从两端剪断，采集的粪便应力求新鲜，或用拭子插到直肠黏膜表面采集粪便；口蹄疫水泡液，则应无菌采集装小瓶中，用甘油三酯密封；全血凝固样品不能冷冻保存，应该保存在2~8℃，保存时间以不超过3天为宜。时间过长，将会引起红细胞破裂，影响血清的提取，超过7天则会引起血清中抗体活性下降，影响抗体效价。所以，采集的病料应加足够的冰块于保温箱中尽快送检。若长时间保存含有病毒的血清、脏器及粪便等，应放入-20℃以下冷冻保存，最好是-80℃冷冻保存。

## 205. 怎样诊断寄生虫病？

（1）**临床诊断** ①病史、症状、体征；②物理诊断：X线、B超、CT、MRI。

详细分析当地饲养环境或购买地的饲养方式；其他动物饲养情况，比如猫、狗等，如有不良妊娠结局应警惕弓形虫的感染等。对于某些病原检查不易确诊，而病理变化特征怀疑为寄生虫感染时，可采用物理检查方法。除了认真体检，注意寄生虫病的特征性表现外，还可辅以各种影像学诊断，例如棘球蚴病的囊性肿大、弓形虫脑炎、血吸虫肝硬化、胆道蛔虫症等可用 CT、MRI、超声波或胆道造影等。

（2）**实验室检查** ①病原学方法：粪便检查、血液检查、排泄物分泌物检查、其他器官组织检查；②免疫学方法；③分子生物学方法。

在寄生虫感染中，检查出寄生虫病原体是确诊的依据。根据临床诊断提供的线索，通过标本的采集、处理、检验、分析等，做出明确结论，为临床治疗和流行病学调查提供可靠的依据。根据寄生虫的种类、在患畜体上的发育阶段和寄生部位的不同可采集相应的标本（粪便、血液、阴道分泌物、尿液、痰液、组织活检或骨髓穿刺等），采取不同的检查方法，如粪便直接涂片、定量透明法、饱和盐水浮聚法、十二指肠引流法、毛蚴孵化法、直肠活组织检查法、肛门拭子法、自然沉淀法、钩蚴培养法、原虫培养法。

## 206. 哪些疾病会引起猪皮肤发红？怎样区分？

很多猪只会出现通红，到底有哪些会引起猪体表发红，下面逐一分析：

（1）**饲养因素** 饲料中添加高剂量的铜，引起猪只体红毛发亮，是曾经一段时间推销添加剂的卖点，特点是相应猪只无其他表现，粪发黑。

（2）**气候因素** 阳光充足的季节，白猪背部因晒伤和光敏也会出现体表发红，但猪只一切正常。过敏体质的猪会因紫外线光、风、花粉颗粒、个别药品等发生过敏。

（3）**猪丹毒** 皮肤呈多发性紫红色菱形隆起，严重的猪背部连成红色背斑。此病多发生在背部，其他地方正常，猪只具有丹毒的症状。

（4）**附红细胞体病** 毛孔铁锈色出血点或渗出性出血点，初期皮肤发红，尿液发黄，中期皮肤苍白，尿色发红，后期皮肤黄疸，尿液为血尿，根据全群各感染阶段判断是否为附红细胞体病。

（5）**弓形虫病** 为血液原虫引发猪体温升高到40.5~42℃，高热稽留。耳、胸、腹下等皮肤上出现红斑，继而变为暗红色或紫黑色。少食粪干，后期下痢，鼻孔流浆液性或水样黏液，呼吸困难，呈腹式呼吸。

（6）**猪瘟** 长期高烧不退，41~42℃，皮肤发红，连用抗菌药无效，腹部、耳尖、尾部、鼻端发绀，后躯麻痹。

（7）**猪流感** 全身发红，少数病猪后耳部、腹下、大腿内侧皮肤发绀，病死后皮肤淤血，口鼻流多样泡沫。

（8）**蓝耳病** 高热稽留，周身发红，耳部发绀，呼吸困难。

（9）**败血性链球菌** 也会出现周身败血特征，引起体表红色。

## 207. 怎样预防天气变化时的呼吸道疾病？

养殖场呼吸道疾病的发生成了天气变化的晴雨表，每个猪场都会遇到类似的问题。目前，各大型现代化建设猪场，环境温度易于调控，能最大限度减少外界环境对猪只的影响；而普通养殖场对于可能发展成整群传染性的疾病，一定要加强预防和及时治疗。

①分析饲养模式和诱导因素，控制温度是关键，温度低就会引发咳喘。饲料原料质量下降会降低免疫力，特别是保育猪与育肥猪，人们主要注重生长速度，忽略了自身的抵抗力，高密度的养殖环境，空气污浊度的加大，空气流通不畅，是病原高密度的原因之一。

②干料饲养会加大猪舍环境中粉尘量，粉尘颗粒较大，猪只又生活在底层，引起大量的肺实变。通风换气、喷油或漏缝地板可以降低粉尘以及湿拌料等方式能显著降低呼吸道疾病。

③根据以往经验和临床表现，诊断发病因素，可能是病毒、细菌或霉菌毒素，对症对因治疗。小猪、母猪尽量使用药物调理恢复；肺部病变有一定时间者，肺部都会有不同程度的受损，严重的要用中药和抗生素联合治疗。

④一旦感染呼吸道疾病，免疫力大幅降低，很容易感染其他疾病，需要用些中药成分的药物来止咳平喘，润肠通便，扶正固本。减少饲养密度或加大空气换气量，注重动物本身的习性和营养需求，减少应激。

⑤熏蒸辅助治疗，如食用醋酸，过氧乙酸，艾叶，苍术等，可以有效提高免疫力，减少感染疾病。

## 208. 伪狂犬野毒感染的猪有什么具体表现？怎样应对？

2015年以来伪狂犬病的发病比例增加，给许多养殖场造成了严重损失，甚至猪场中的狗、猫都被感染。当前伪狂犬病在猪群中的表现形式也各不相同。

### （1）表现形式

①猪场中怀孕80~100天之间的母猪出现流产，产死胎弱胎较多。所产弱胎后期伤亡率较高。

②仔猪出生后1~3天出现拉黄色稀便、呕吐，出现神经症状、尖叫，眼睑肿胀，死亡后两排乳头变紫，病死率高。

③10~25日龄的仔猪出现呼吸困难，体温升高。部分猪出现转圈神经症状死亡。

④保育后期到育肥期猪群表现咳嗽重，使用药物治疗无效。部分猪出现急性死亡伴随有神经症状。

### （2）应对措施

由于本病原可以感染多种动物，不正规的引种，免疫力度不够等都可能是发病的主要原因。建议主要从以下方面着手应对：

①建立伪狂犬野毒阴性场，加大检测力度，淘汰阳性猪只。

②加强免疫力度。高抗能压制野毒的排出，只要保证猪场抗体滴度高，一段时间的闭群，检测淘汰阳性种猪，猪场还是易于变成阴性的。

③建立猪场同期免疫制度。避免漏免、抗体滴度不均和野毒在场中漫散，减少猪场的高发病率。

④猪群在免疫时所使用的疫苗要合格，操作正确。

## 209. 怎样快速识别腹泻类别?

腹泻是肠道吸收障碍所致，往往不是一个独立的疾病，而是由许多原因引起或许多疾病伴有的一种临床常见多发的综合征。在养殖中一定要注意识别，发现猪只腹泻一定要及时预防和治疗。

腹泻主要从粪便颜色、成形状态，病体的体温，其他症状等综合去辨识。

①如果仅猪只发生腹泻，无其他症状，且粪便无特殊的色泽，一般是机体自身的保护机制出现问题，比如中毒、饲料霉败、过食等，一般不治疗或调整饲养即可。

②体温不高，颜色有特殊的红、黄、白、绿等，一般为寄生虫或细菌导致，分清楚色泽所代表的几大常见病即可区别，易于治疗。

③体温升高，如果不是久病所致，一般会出现较大面积的流行，须着重考虑病毒性疾病，尤其是先便秘后腹泻就应及时对症处理，综合防治。加强圈舍卫生消毒管理，预防性给药避免大流行。

## 210. 猪只急性死亡一定是梭菌所致吗?

猪场都会碰到猪只一切都正常，突然就有一头不明原因的死亡，往往都会认为是梭菌所致。实际上引起猪只急性死亡的原因很多，但常见的梭菌占大多数，发病急，死亡后猪只易于腹胀；其次，大肠杆菌也会导致急性死亡，人们常见到的猪水肿病，口蹄疫以及一些产毒性细菌都会引起猪只急性死亡，如果发生较多，尽可能解剖与送检，查找原因。

# 第三节 猪常见传染性疾病的防治

## 211. 冬季传染性腹泻防治措施有哪些?

**(1) 发病原因**

①本病的发生有明显的季节性，多发于寒冷的冬季和早春季节，寒冷、潮湿、卫生不良等都能导致本病的发生。方式多为暴发或散发流行。

②各种年龄的猪都可感染发病，感染率可达90%~100%。种公猪、种母猪、育肥猪和断奶仔猪感染发病后症状轻微，死亡率较低，并可于5~7天自然康复；但10日龄内哺乳仔猪发病率和死亡率都很高，随年龄的增长死亡率逐步下降。感染过本病的猪可获得一定时间的自动免疫抗体。

③病猪和隐性带毒者是本病的主要传染源。消化道是主要传播途径，病猪排出粪便污染饲料、饮水和各种用具，可成为本病的传染因素。

**(2) 防制措施** 本病无特效的治疗方法，应采取综合防治措施。

①加强饲养管理 保持猪舍及用具的清洁卫生，定期消毒；注意仔猪的防寒保暖，尤其是防治饲养环境的温度骤变；供给全价饲料，增加机体的抵抗力。

②搞好疫苗接种 定期接种猪传染性胃肠炎疫苗进行预防。

③采用干扰疗法 以鸡新城疫 I 系疫苗为干扰源注射，可明显减轻症状。剂量：每头猪只注射50~100羽鸡新城疫苗。

④在饮水中按比例添加口服补液盐、姜糖水，在饲料中投服吸

附剂、铋盐保护剂，配合痢菌净等抗菌剂，严重的仔猪可以注射干扰素，补液和调整机体电解质及酸碱平衡。

## 212. 怎样有效解决黄白痢问题？

（1）发病原因　黄白痢是仔猪感染大肠杆菌所致，为什么相邻栏中，有的母猪所产仔猪并不出现黄白痢呢？这就值得我们深思原来的思路上到底错在什么地方，仔猪天生就会去采食地面的脏物，大肠杆菌大量的存在于自然界中，难道就不去攻击健康仔猪？因此不难发现，母猪是仔猪黄白痢预防的关键。要想有效解决仔猪黄白痢，就必须重视母猪的健康状况。

首先，仔猪黄白痢之所以严重，其根本在于其免疫系统不健全不成熟。猪能在千万年来优胜劣汰的选择进化中生存下来，是有其自身的解决办法。哺乳期的仔猪自身免疫机制还不健全，对黄白痢的预防主要依靠来自母猪的母源抗体的保护。初乳中富含IgG、IgM、IgA等免疫球蛋白，常乳中仍含有IgA和其他一些免疫因子，一直保护到断奶。其次，仔猪黄白痢的发生主要来自母源感染（乳房炎等感染）和外界传染，炎症严重的母猪，仔猪黄白痢发病特别高。

（2）防制措施

①通过免疫保健技术，健全母猪的免疫机制，提高母猪的抗病力，向仔猪提供大容量高质量的母源免疫保护（包括大肠杆菌抗体在内），使仔猪获得良好的被动免疫力。

②驱除母猪机体内毒素，改善机体内环境，解除肝肾负担强化肝肾功能，可有效的阻断垂直感染，可提供给仔猪更优质的母乳营养，母猪的选育与母猪的饲养管理就是重中之重。

③改善母猪的饲养管理，养重于防，增加仔猪初生重，提高奶水质量强壮身体。配合体外环境改良技术才是解决黄白痢的根本要素。

## 213. 怎样防控猪圆环病毒病？

（1）**发病原因** 猪圆环病毒病主要分为Ⅰ型、Ⅱ型及Ⅲ型，Ⅰ型常见的表现是皮肤上出现红疹，猪只感染后无其他异常现象。因此我们往往是谈对Ⅱ型圆环病毒为主要病原感染的防控技术。

猪Ⅱ型圆环病毒感染可导致猪断奶后多系统衰竭综合征、肺炎、肠炎、先天性震颤等。猪Ⅱ型圆环病毒在猪群中水平传播，亦可通过胎盘垂直传播，口鼻接触是病毒传播的主要途径。人工授精时，感染猪Ⅱ型圆环病毒的精子可引起猪Ⅱ型圆环病毒阴性母猪发生繁殖障碍。多系统衰竭综合征主要发生在哺乳期和保育期的仔猪，一般于断奶后2~3天或1周发病。

圆环病毒Ⅲ型，据报道：受影响的母猪表现厌食，木乃伊比例增大，外表出多灶性丘疹，斑点和表面皮炎。组织学上为急性坏死性皮炎和与淋巴浆细胞性血管套相关的表皮炎。

（2）**防制措施**

①完善饲养方式，做到养猪生产各阶段的全进全出，避免将不同日龄的猪混群饲养，从而降低猪群之间接触感染的机会。

②提高猪群的营养水平。

③加强猪群的饲养管理。注意通风，降低猪群饲养密度，减少对猪群的应激因素。

④建立猪场完善的生物安全体系，将消毒卫生工作贯穿于养猪生产的各个环节。由于猪Ⅱ型圆环病毒对一般的消毒剂抵抗力强，因此，应考虑使用广谱消毒药。

⑤接种疫苗。猪Ⅱ型圆环病毒感染猪在接种疫苗后的10~28天形成猪Ⅱ型圆环病毒特异中和抗体。

⑥采用完善的药物预防方案，控制细菌的继发性感染。由于没有药物可用于多系统衰竭综合征的治疗，一些继发的细菌性疾病治疗效果也不好，因此，应提前采用药物预防来控制细菌性继发感染，以下是建议用药方案：

a.仔猪用药：哺乳仔猪在3、7、21日龄注射长效土霉素200毫克/毫升，每次0.5毫升，或在1、7日龄和断奶时各注射头孢噻呋500毫克/毫升，每次0.2毫升。断奶前1周至断奶后1个月，饲料中用泰妙菌素50克/吨+金霉素或土霉素150克/吨+阿莫西林500克/吨拌料饲喂，或添加2%氟苯尼考1 000~1 500克/吨+泰乐菌素200~250克/吨。继发感染严重的猪场，可在28、35、42日龄各注射头孢噻呋500毫克/毫升，每次0.2毫升。

b.母猪用药：母猪在产前1周和产后1周，饲料中添加支原净100克/吨+金霉素或土霉素300克/吨。

## 214. 副猪嗜血杆菌病与链球菌病的主要区别是什么?

在临床剖检中，关节型副猪嗜血杆菌病与关节型链球菌病很容易混淆，应加以区分。关节型副猪嗜血杆菌病是关节面出现浆液-纤维素性或纤维素性化脓性炎症，关节纤维素渗出，润滑液增多；而关节型链球菌病则是由化脓性链球菌感染引起的关节炎，首先是关节肿大，触摸为硬的实性炎症，随着链球菌病对组织的破坏逐步变软化脓，关节型链球菌病较副猪嗜血杆菌病关节腔液体脓性和组织炎症更高。

副猪嗜血杆菌病引起的关节炎病，跗、腕关节肿大，用手一捏，感觉是捏在较硬的海绵样，剖检关节腔内有浆液性纤维蛋白渗出物（胶冻样物质）；链球菌病引起的关节炎关节肿大，初期坚硬，温度升高，后期变软，触之有波动感，针刺流脓，剖检滑液浑浊，有黄白色奶酪样块状物，关节周围皮下水肿，有化脓性坏死灶，严重者关节软骨坏死。

从实验室诊断来判定，看两者在培养基上生长情况，在血平板上溶血等生化实验或采用聚合酶链式反应（PCR技术）鉴定区分。

## 215. 怎样认识和治疗副猪嗜血杆菌病?

副猪嗜血杆菌病又称多发性纤维素性浆膜炎和关节炎，也称格拉泽氏病（Glasser's disease），由副猪嗜血杆菌引起。临床上以体温升高、关节肿胀、呼吸困难、多发性浆膜炎、关节炎和高死亡率为特征的传染病，严重危害仔猪和青年猪的健康。这种细菌在环境中普遍存在，目前，副猪嗜血杆菌病已经在全球范围影响着养猪业的发展，给养猪业带来巨大的经济损失。

副猪嗜血杆菌属革兰氏阴性短小杆菌，形态多变，有15个以上血清型，其中血清型2、4、5、13最为常见。该病防治措施有：

（1）**全面消毒** 彻底清理猪舍卫生，用火焰喷灯喷射猪圈地面和墙壁，再用常规消毒药喷雾消毒，连续几天消毒，降低细菌浓度。

（2）**隔离病猪** 为避免相互传染，将病猪和未表现症状的猪分开、隔离饲养。

（3）**治疗** 隔离病猪，用敏感的抗生素进行治疗，口服抗菌素进行全群性药物预防。

（4）**加强饲养管理** 规模养猪场应实行自繁自养。必须购进仔猪时，要尽量从没有疫病流行、疫苗注射较为规范的地区购猪，以确保仔猪健康。

# 第四节　其他疾病诊治

## 216. 怎样解决猪应激综合征？

猪应激综合征是猪遭受不良因素（应激原）的刺激而产生一系列非特异性的应答反应。死亡或屠宰后的猪肉，表现苍白、柔软及水分渗出等特征性变化，此种猪肉特称为白肌肉或水猪肉，其肉质低劣，营养性及适口性均很差。猪应激综合征，世界各地均广泛发生，其发病情况在品种和地区之间有很大差异，以瘦肉型猪多发。

**（1）发病原因**

①超常刺激：如接种疫苗、长途赶运、追捕、鞭打、捆绑、斗殴、电击、狂风暴雨、兴奋恐惧、精神紧张，使用某些全身麻醉剂，公猪配种，母猪分娩等。

②环境突然改变：如肥猪出栏、运输转移，或长期处于不适环境，如长期垫圈饲养，环境温度过高或过低等，都可发生应激反应。

③饲料营养成分不全：日粮中维生素和微量元素缺乏，可造成营养应激。近年来的研究发现，硒和维生素E有抗应激、抗氧化、防止心肌和骨骼肌衰退和促进末梢血管血液循环的作用。

④遗传因素：猪应激综合征与体型和血型有关，应激敏感猪几乎都是体矮、腿短、肌肉丰满的卵圆形猪。应激敏感猪为常染色体隐性基因遗传。

**（2）防制措施**

①预防：主要从两方面着手，一是依据应激敏感的遗传特性，注意选种选育；二是改善饲养管理，减少或避免各种应激原的刺激。

②治疗：依据应激原的性质和应激综合征的程度，选用合适的抗应激药物。猪群中如发现某些猪出现应激综合征的早期征候，如肌肉和尾巴震颤、呼吸困难而无节律、皮肤时红时白等，应立即挑出来单养，给予充分安静休息，用凉水浇洒皮肤，症状不严重者多可自愈。对严重猪只可用抗过敏药，直接进行肌内注射或静脉注射。抗过敏药如水杨酸钠、巴比妥钠、盐酸吗啡、盐酸苯海拉明以及维生素C、抗生素等都可选用。为解除酸中毒，可用5%碳酸氢钠溶液静脉注射。

## 217. 怎样防治母猪产前低温不食症？

**（1）发病原因** 一是妊娠母猪饲养不合理，如饲料能量过高，各种营养物质和矿物质等比例不平衡。钙、磷、铁、锌、铜、锰、碘等矿物质和维生素A、D、E、C、B$_2$和叶酸都是妊娠期不可缺少的，尤其是饲料中的维生素易氧化分解失效，妊娠母猪后期的矿物质需要量更大，不足时会导致分娩时间延长、死胎和瘫痪的发生率增加，也可引起消化道紊乱出现食欲减退甚至出现异嗜癖。二是母猪定位栏造成运动量少，胎儿初生重加大，引起母猪便秘与胃肠功能减弱，而造成母猪产前不食、体温下降。

**（2）防制措施**

①加强妊娠母猪特别是围产期母猪的饲养管理：妊娠母猪的能量需要，应比空怀母猪高。包括母体本身的维持和胎儿生长发育的需要。所以我们应根据妊娠母猪的营养利用特点和增重规律加以综合考虑，尤其怀孕后期必须供足维生素和矿物质等营养物质。尤其注意防止饲料霉变。

②适当运动：不能按育肥猪要求，少运动。以增重为目的，母猪在限位栏运动量本身受限制，因此人工训练就必不可少，可增大定位栏面积，喂饲前多让母猪躁动一阵等，都能增加母猪的运动量。

③对于体温正常不食的妊娠母猪：分别肌注黄体酮60毫克安胎；增加复合维生素B改善消化机能，促进食欲；对于体温低于正常不食的妊娠母猪可以先肌注10%樟脑磺酸钠1克，提高体温，然后静脉输液，补充能量物质，促进食欲。

## 218. 怎样防治猪胃溃疡？

生长猪胃部内壁常发生糜烂、溃疡，这种溃疡出现在贲门附近。早期患部内壁粗糙，进而出现糜烂，最后成为典型溃疡。溃疡后可能会出现间歇性出血，从而造成贫血，还可能造成大出血，导致死亡。生长猪屠宰时的发病率可高达60%，母猪发病率在5%以内。

**（1）症状**　不同猪只和病患严重程度有不同表现。

①仔猪：不常见，通常不表现症状，消耗性体质，腹泻。

②母猪亚急性发病：皮肤苍白，虚弱，喘气；因胃部疼痛而磨牙，粪便因含有经过消化的血液而呈黑色，停止采食，呕吐；呈蜷缩状。

③母猪急性发病：健康母猪突然死亡，皮肤特别苍白。

④断奶猪与生长猪急性：原来健康的猪只突然死亡，一个明显的症状是死猪胴体因内出血而颜色苍白。

⑤断奶猪与生长猪亚急性：猪只皮肤苍白，虚弱，呼吸频率增加，显得上气不接下气，磨牙，呕吐，排出由于包含消化过的血液而呈黑色的粪便，是该病的常见症状，体温通常表现正常。

⑥断奶猪与生长慢性：猪只食欲时好时坏，体重还可能会下降。

（2）发病原因　通常存在多种诱因。包括营养方面的因素、饲料的物理特性、管理不当、应激和疾病感染。

①营养因素：日粮蛋白质、纤维过低（这种情况下添加少量秸秆会降低发病率）；能量过高，小麦用量过高，超过55%；缺锌、缺硒或缺维生素E，铁、铜或钙的含量过高；日粮中不饱和脂肪含量过高，基于乳清和脱脂乳配制的日粮容易导致该病发生。饲料磨得越细，颗粒越小，该病发病率越高，磨得很细的饲料即使制成大粒也同样容易导致胃溃疡。谷物饲料如果不经粉碎直接投喂，该病发病率会显著降低，然而必须考虑到这样做会导致消化率降低，从而给生产带来损失。饲喂颗粒料比粉料发病率高，不过有时从颗粒料到粉料的转换本身又会导致问题，折中方案是两种料交替饲用。

②管理方面：喂料无规律，料槽空间不够，常出现饥饿或缺水。饲养密度过高，猪只转移，以及其他导致应激的因素，如运输、母猪之间的攻击行为、饲养密度过大、猪只转移、栏内母猪管理不良、产房饲养人员大声喧哗、粗暴对待猪只、饲喂不规律、周期性的饥饿、环境温度波动等。

③其他疾病诱发：肺炎的暴发与胃溃疡发病率之间有明显的相

关性。感染其他疾病如丹毒、猪瘟等出现败血病后，胃溃疡的发病率会上升。

（3）**诊断**　根据临床症状及死后剖检作出诊断。取粪样检查有无血液，并排除寄生虫方面的原因。屠宰时应对胃部进行检查。注意该病与肠出血、附红细胞体病、红胃虫病、慢性疥癣与猪肠炎等病的区别。

（4）**治疗**　断奶猪、生长猪治疗：将致病猪只转移到栖息区铺有垫料的安静环境中，消除致病原因。断奶日粮采用消化率很高的原料，多维尤其是维生素E与0.5~1克铁制剂进行肌内注射，每周1次。每吨日粮多加100克维生素E，持续饲喂两个月，观察效果。

## 219. 怎样预防高温高湿季节猪只湿疹?

（1）**发病原因**　湿疹是皮肤表层组织的一种炎症，以出现红斑、丘疹、小结节、水疱、脓疱和结痂等皮肤损害为主要特征。多因猪舍潮湿，昆虫叮刺，皮肤脏污、损伤，化学药品刺激等引起；猪饲养密度大，患慢性消化不良、慢性肾病及维生素缺乏等，亦可引起本病。高温高湿季节多发，育肥猪发病多于母猪，瘦弱猪比健壮猪易发病。

（2）**防治措施**

①预防：猪舍要保持通风、干燥和清洁，光线应充足；饲养密度不宜过大，注意猪皮毛卫生，给猪饲喂富含维生素和矿物质微量元素的饲料；夏、秋季节加强灭蚊除蝇工作。

②治疗：原则清热利湿，行气健脾。

a.参苓白术散加减。

b.用消毒液配清热类药物水清洗患部，每天2次。

## 220. 怎样预防和治疗母猪急性子宫内膜炎?

母猪子宫内膜炎如果处理不当，可造成母猪淘汰率增高，发情不正常，屡配不孕，产仔数低，弱仔多，严重影响猪场的经济效益。因此该病应得到养猪户的高度重视。

**（1）发病原因**

①母猪便秘，产程延长：由于供水不足，青绿饲料的缺乏，妊娠期间饲料的更换、限饲等应激，易导致产程延长，增加了细菌进入子宫感染的机会。

②助产消毒不严，操作不当：手臂、器械等消毒不严将病原菌带入子宫使其发生感染；操作不当使子宫内膜受到损伤导致子宫内膜炎的发生。

③配种时消毒不彻底：人工授精时消毒不彻底，自然交配时公猪生殖器或精液内有致病菌，造成子宫内膜炎。

④母猪营养不良：母猪过度瘦弱，抵抗力下降时，其生殖道内非致病菌也能引起发病。

⑤由于定位饲养，母猪缺乏运动，子宫肌肉收缩无力，胎儿因缺氧导致死胎，造成难产，增加了子宫炎发生的概率。死胎、木乃伊因早期溶解、胎儿排出不畅，造成产后污物积聚不易排出，引起母猪炎症，严重的发生菌血症导致母猪死亡。

**（2）防治措施**

①加强饲养管理：严格产前对产房和母猪消毒，供给充足饮水和青绿饲料，加强运动等预防，定位栏可采用饲喂时让定位栏的猪只多躁动一段时间再开喂，促进种猪的运动。

②接产时，应对手臂、母猪阴户周边严格消毒，涂抹消毒好的润滑剂，如果没有，可借助冷开水辅助润滑也可，随母猪子宫收缩节奏进入宫内探仔猪，随宫缩将仔猪拉出，助产的母猪一定要每天用抗生素清宫，并对母猪肌内注射或静脉注射抗生素，提高母猪抵抗力。也可在饲料中添加阿莫西林来预防产后感染。

③在子宫炎症感染中，阴道内的酸性环境促进许多药物作用减弱，可配合甲硝唑、林可霉素、土霉素等使用。

## 221. 经产母猪不发情的主要病因是什么？怎样防治？

目前的集约化饲喂方法，对母猪损伤很大。经产母猪不发情多属机能障碍，整个生殖器官功能出现问题，主要病因有：

**（1）持久黄体** 多因运动不足、日粮中矿物质和维生素缺乏以及冬季寒冷、雌激素或泌乳过多导致体质下降、性机能减退引起。子宫疾病如子宫积脓或积水、胚胎早期死亡、产后子宫复旧不全、部分胎衣不下，以及子宫肿瘤等，也可引发本病。

治疗：氯前列烯醇，一次0.1~0.2毫克肌注；必要时可隔7~10天再注射1次。一般子宫内输入效果较好。

饲养管理：人工应激，可采用换栏，公猪追逐，饥饿疗法等方案配合治疗。

**（2）卵巢"暂时性"丧失功能** 高温、强烈应激等因素，使甲状腺机能降低，导致性机能降低。

治疗原则：运用强烈刺激使机体做出反抗性抵御。比如采用饥饿疗法，只喝水，不吃料，一般3天会发情。

**（3）卵巢静止（假怀孕）** 多因隐性流产（各种原因引起母猪发热后、受精卵被白细胞吞噬）造成卵巢静止。治疗可采用催产素5支/次，造成人为"产仔假象"。

**（4）子宫畸形或异物压迫子宫**

子宫畸形除先天性因素引起外，往往因不正确助产造成，造成子宫扭转或增生组织造成。

异物压迫多数是因怀孕中前期死胎残留压迫子宫，形成怀孕假象，导致母猪一直不发情。

治疗：彻底冲洗子宫。

## 222. 怎样防止僵猪形成？

**（1）发病原因**

①胎僵 妊娠母猪料中缺乏钙、磷、蛋白质及维生素、微量元

素等成分，导致胎儿体内发育不良；母猪怀孕过早或近亲繁殖，多元杂交所致。

②奶僵 母猪饲养管理欠佳，在哺乳期间母猪有疾病，如乳房炎、产后不食、产后持续发烧；或哺乳期间母猪采食量低，母猪吃不饱，饮水不足，导致母猪哺乳期间泌乳量不足；母猪带仔数过多，仔猪出生重低，仔猪体质弱活力差；仔猪补料过晚，营养未及时跟上，使仔猪生长发育受阻。

③料僵 断奶后仔猪受应激过多，断奶后饲料品质不佳，营养水平达不到饲养标准，分群不合理，仔猪吃不到饲料，长期饥饿。过早断奶仔猪体质差，仔猪不会吃料或饮水，保温和通风措施不到位。

④病僵 仔猪患腹泻类疾病或其他慢性消耗病、气喘病、慢性肠炎、贫血长期不愈，如侥幸经过长期治疗免于死亡，但这种猪以后生长速度比正常猪缓慢，发育不良逐渐形成病僵猪，且长期处于亚健康状态，是疾病携带猪，影响整个猪群健康。

⑤寄生虫侵蚀形成僵猪 仔猪体内长期存在寄生虫，侵蚀仔猪，摄取仔猪营养，导致仔猪长期营养不良，形成僵猪。

⑥育肥期间僵 仔猪转入育肥后由于密度大，仔猪生长速度发生变化，体格强壮的猪生长速度快，大小差异变大；体格较小的猪受到大猪的欺负，打斗导致受伤，行动缓慢，吃不饱，营养水平跟不上，导致僵猪产生。

⑦管理不善 日常饲养管理不当，查群不细心，调栏不及时，治疗不及时，护理不到位，温控不理想，通风不好都是造成僵猪的原因。

**（2）预防措施**

①建立良好的公母猪系谱，避免近亲繁殖；防止早配，合理饲养管理；及时淘汰高胎次的、泌乳性能差的母猪；减少母猪疾病发生，保证母猪哺乳期间良好的采食和充足的饮水确保奶水充足；产后仔猪专人看护，做好寄养工作，确保仔猪吃到充足的初乳。

②做好仔猪的护理工作，仔猪提早补料，断奶后按照仔猪的大小、强弱及时做好合理的分群工作，做好猪舍的保温和通风工作。

③猪群定期驱虫，加强病猪的预防和治疗，对于长期治疗不愈和治疗后好转但较弱的猪只及早的进行淘汰和处理，减少传染源。

④检查料筒（料槽）是否有料和料口堵住的现象，及时发现和解决问题，发现霉变饲料一定要及时清理干净，检查饮水器是否完好、有无堵塞，损坏及时修理，保证饮水器的正常出水量。

## 223. 怎样防治猪皮肤病？

（1）**发病原因**　皮肤损害的原因十分复杂，主要分为以下几类：

①传染病损害　如猪瘟、猪丹毒、放线杆菌病、坏死杆菌病等。

②寄生虫性损害　皮肤疥螨、吸血昆虫叮咬（蚊、蝇、虱）等。

③变态反应性损害　猪湿疹、荨麻疹、饲料疹、药物疹等。

④炎症性损害　皮炎、渗出性表皮炎等。

⑤神经性损害　皮肤瘙痒病等。

⑥增殖性损害　如厚皮病、角化症、皮肤性肿瘤等。

（2）**防治措施**

①加强饲料管理以及畜舍环境卫生工作，避免寒冷、潮湿、创伤、微生物与昆虫的侵袭。

②夏季预防蚊、蝇、虱等昆虫或寄生虫叮咬皮肤，可应用敌百虫等药液进行定期喷雾。

③防止消化机能与新陈代谢功能紊乱。

## 224. 怎样防治猪皮肤真菌病？

（1）**发病原因**　发病主要集中于保育舍的仔猪，特别是刚断奶的仔猪更易感染发病，分娩舍哺乳仔猪也有少数发病。起初是同栏中的1~2头发病，然后逐步传染扩散，严重的同栏全部发病。发病率高达50%~60%。

病初，局部皮肤潮红，2~3天后颜色逐渐变成紫红，并伴有渗出性炎症。再过2~3天后，猪的皮肤逐渐出现铁锈色或褐色斑块病灶，最后波及全身。此时病猪食欲减退，精神委顿，被毛松乱，怕冷嗜睡，发痒蹭墙，个别病猪伴有腹泻，生长发育受阻，严重病猪瘦弱而死。

**（2）防治措施**

①预防 加强饲养管理，搞好猪舍卫生和消毒工作；保持适宜密度，猪舍通风良好；发现类似病猪，立即隔离治疗，防止传染。

②治疗 用消毒威、敌百虫、硫黄配成二种药液，第一种为0.2%消毒威，第二种为2%敌百虫+1%硫黄混悬液，两种药液每天上下午各喷1次，交替使用。该法见效快、疗效高，2~3天痊愈，不复发。

注意事项：在喷药前，必须冲洗干净栏舍及猪体表，所有猪及栏床隔墙（仔猪接触到的地方）必须充分喷湿，喷药时间最好选择当天温度较高时进行。在喷药过程中若出现仔猪中毒现象，即用阿托品解毒。

## 225. 返饲使用的条件是什么？

**（1）返饲的目的** 返饲是模拟自然感染方式，将发病动物的粪便、病料或含有病原的其他材料经口感染未发病动物，以达到全群同期感染并同期恢复，最终实现控制疫病流行并降低损失的一种临床操作方法。返饲是防控病毒性感染的一种有效方法，但不是唯一或必需的方法。有相应疫苗的，建议采用疫苗免疫为佳。没有疫苗的，是否需要返饲，或者采取何种方法返饲，需要结合临床具体情况做出判断。

**（2）返饲的条件**

①发病猪群稳定，虽有流行，但恢复后有强的抵抗力，说明有免疫保护性。此时，可利用返饲提高抗体的保护，促进全群稳定。

②刚开始发病且发病传播速度较快，此时的流行毒株毒力强，种猪的健康度不好，免疫保护效果差。为防止较大损失，要尽快返饲，采取半隔离式返饲，即以单栋猪舍进行返饲操作，返饲的重点为怀孕中后期猪只（临产猪只被调往分娩舍后方可返饲）。返饲过程中要做好猪舍之间的隔离、消毒工作，防止疫病迅速扩散。

③全场暴发，损失惨重，此时流行毒株毒力极强，种猪健康及免疫保护效果很差。为尽快平息疫病，采取全场开放式返饲，即除了公猪站及分娩舍外，其余的种猪全部返饲。

④特殊阶段的发病：隔离舍的后备猪及育成舍的小种猪发病时，采取舍内隔离返饲；仅有后备猪的新场发病时采取场内开放式返饲。但都要注意，返饲后的猪只在全群恢复无症状后15天以上才能调动，以防带毒、散毒。

**（3）不能返饲的情况**

①刚开始发病为零星发病，连续几日每天新增病例较少，仔猪稳定或损失不大：说明流行毒株的毒力不强，种猪体况及免疫保护效果较好，有平稳过渡并恢复的可能，为防止人为散毒造成疫病暴发，此时可以不返饲。

②仅个别产房的仔猪发病，其他产房及怀孕种猪均稳定：说明种猪体况及免疫保护效果较好，能抵抗一定量的病毒攻击，且疫病发生在栏舍内，通过隔离消毒以控制其扩散，此时可以不返饲。

③已经全面返饲过一次，疫病稳定后再次反复，发病速度及损失明显较第一次缓和：返饲后整个环境被污染，如果消毒不彻底，就有再次反复发病的可能。如第二次发病的速度慢，通过各种补救措施可有效地降低损失，此时可以不返饲。

④猪场为非单一病原流行的场，返饲会造成多个病种的流行，增大疾病的防控风险。

## 226. 返饲操作要点有哪些?

针对防控病毒性腹泻的返饲操作，应注意以下几个方面。

（1）**样品采集**　返饲样品以发病种猪的粪便或发病仔猪的肠道及肠内容物为主，采集时应注意以下几点：

①采集发病种猪的粪便或发病仔猪的肠道及肠内容物时，样品应在个体发病后24小时内采集，种猪粪便中以后备猪或一胎猪只的稀粪为好（病毒含量较高）。

②样品的采集要有代表性，最好每批采集5~10头猪只的粪便或3窝仔猪（每窝2头以上）的肠道及肠内容物，并进行有效混匀。

③样品采集要尽量减少其他污染，种猪粪便可在限位栏后铺垫塑料袋进行收集，收集仔猪肠道及内容物时要注意避免沾染泥土等杂质。

（2）**样品处理**　样品处理要及时，防止时间过长导致样品中活病毒数降低，影响返饲效果，具体应注意以下几点：

①样品稀释液为饮用水（不含漂白粉及其他消毒药物）加抗生素。选可溶于水且没有苦味的抗生素，如阿莫西林、青霉素+链霉素等。抗生素的加入量以每头猪返饲时的摄入量计，不超过保健时的单天用量。

②种猪的粪便要随时收集，随时稀释处理。杜绝上午收集、下午稀释处理，或下午收集、第二天上午稀释处理。

③仔猪肠道要先剪（磨）碎。可用手术刀将肠管剖开，用刀柄从内膜上刮拭内容物及肠黏膜上皮，然后同肠内容物一起进行稀释。

④样品处理后，先静置，再用纱布过滤，以除去大的杂质。

⑤样品从采集、稀释到返饲的整个过程，最好不超过2个小时（在20℃环境中）。

（3）**操作方法**　返饲要做到足量、均匀，具体应注意以下几点：

①返饲要足量：每500克种猪粪便稀释到1千克稀释液后，返饲种猪30~50头；每头仔猪的肠道及肠内容物稀释到500克稀释液后，返饲种猪15~20头（可依据发病猪临床症状的剧烈程度再进行调节）。

②返饲要均匀：对于限位栏种猪，可将稀释处理好的样品洒在饲料上；对于大栏饲养，则需将样品拌料，且多点投料进行返饲。

③返饲后的72小时内，要暂停饮水消毒，可加强排污通道及栏舍周边环境的消毒，注意返饲期间猪只粪便的管理（特别是局部返饲）。

（4）**效果评价**　返饲后原则上要有种猪大比例的腹泻症状出现，但临床症状有时受种猪的免疫情况、胎龄、营养状况等影响，综合的评价标准如下：

①近6个月，种猪病毒性腹泻（含流行性腹泻和传染性胃肠炎）免疫在2次以下或没有免疫，且种猪胎龄以3胎以内为主，应达到70%以上出现腹泻。

②近6个月，种猪病毒性腹泻（含流行性腹泻和传染性胃肠炎）免疫在3次以上，且种猪胎龄以3胎以上为主，猪群整体的腹泻比例要在40%以上，群中后备猪、一胎猪的腹泻比例要在80%以上。

③对种猪胎次及免疫情况不详的群体，以后备猪及一胎猪出现80%以上腹泻为返饲有效的标志。

## 227. 返饲后的注意事项有哪些?

（1）**后续操作**　返饲可有效控制疫病的发生，但存在人为散毒污染环境等弊端。为确保返饲后猪群尽快稳定，返饲后还应注意以下几点：

①返饲后，在猪群腹泻症状完全康复后的15天内，禁止猪只跨场、跨区和跨线调运及合群。

②返饲72小时后，可通过加强隔离、环境消毒及饮水消毒等方法处理出现症状且没有恢复的猪只。

③返饲猪只在临产前若腹泻症状没有完全恢复，可通过注射黄体酮推迟分娩；对仍有腹泻症状但必须转分娩舍的母猪可考虑将猪只排放在猪栏末端，用饲料袋将猪栏与本次临产栏隔开，同时注意腹泻粪便的及时清理和隔离消毒。

④对于出现过仔猪腹泻的分娩舍，一定要加强空栏消毒工作，防止由于栏舍消毒不彻底造成疫病复发。

**（2）返饲后生产管理要点**　返饲后，猪群因腹泻会导致一系列的问题，所以返饲后一段时间内的生产管理应该注意以下几个方面：

①若返饲后的部分待配猪只出现发情异常，可在饲料中加入葡萄糖等高能量物质，促进发情；加强查情配种工作，对发情状态不好的猪只可视情况推后一个情期配种；同时应加强返情、空怀的检查工作。

②返饲后的群体采食量会下降，需要添加鱼肝油、维生素及电解质等营养物质；对腹泻康复的猪只需要依据膘情，合理调整饲喂量。

③对于分娩舍中曾腹泻的仔猪需加强护理，断奶后需调入单独的保育舍饲养或直接安排到饲养户，防止不合理混群造成保育猪反复腹泻。

## 228. 猪病治疗无效的原因是什么？

**（1）药效较差**　养猪场发生疾病时，临床表现为饮水较少、采食量下降，通常条件下，人们会按照药物使用说明书上标明的剂量拌入饲料或加水投药，这样的治疗方式通常效果不明显，主要是因为不能摄取足量有效的药物剂量，如果使用的药物本身还具有臭味或苦味等，那么在猪生病的特殊时期，一定会影响药物的摄取量，导致猪体内的药物剂量达不到治疗浓度，最终治疗效果不理想。

**（2）误诊**　采用大范围治疗法，造成肝肾负担加重，不利于病原的排出；二者损伤机体的防疫功能，使患猪雪上加霜。到场诊断多数见到的是发病猪的中后期症状，一旦没有调查相关流行病学的发病规律，仅根据临床表现进行病原分析，会导致不合理的治疗措施，最终治疗无效。

**（3）管理者的认识问题**　一些管理者以为只要猪只吃药就行，

不注重平常的卫生管理，过度的粗放饲养，认为发病就是病原造成，结果一些机体不平衡、酸碱中毒、电解质混乱成为死亡的主要因素。

（4）**不按疗程治疗**　不及时用药，错过了最佳用药时间；还有一些养猪场在病情好转之后就停止用药，这两种情况的结果往往都是治疗无效。

（5）**疫苗免疫失败**　一些破坏机体免疫系统的疾病存在时，会导致机体免疫能力降低。只要疫苗的效价合格，按照国家规定的使用量，采用科学合理的免疫操作。一般仅出现少量免疫不合格现象。但是，疫苗不合格，保存不合理，使用不考虑猪场的实际情况，通常会以失败告终。兽医专业水平较低和猪场使用疫苗不规范等都会造成免疫失败，最终感染疾病的时候常常治疗结果无效。

## 229. 什么原因导致猪病越治越严重?

我国每年生产大量的抗生素，其中很大一部分用于畜禽养殖中。许多养殖场在没有疫情时都采用保健程序，预防性投药、盲目用药、超剂量用药；疫苗种类繁多、乱用、滥用，陷入了"机体脏器损伤—病毒感染—接种疫苗—细菌感染—抗生素治疗—进一步受损—代谢受阻"的恶性循环，给养殖场带来极大危害。

由于猪在正常情况下体内的有益菌占99%以上，有害菌数量很少，如果滥用药，就会出现有较强耐药性的有害菌。药物只要进入猪体内就必须经过肝脏和肾脏的代谢，肝脏是合成和分解蛋白质的主要器官，是血浆中蛋白质的主要来源。肝功能不全时，血浆清蛋白减少，轻者生长减速、贫血、抗体水平下降，重者出现水肿、腹水。当过多的有毒物质直接进入肾脏引起肾脏损伤，不能排出体外，滞留体内，引起功能性器官衰竭，肾脏病变引发不同程度的水、电解质、酸碱平衡紊乱，严重时死亡率会大幅上升。

因此，过度治疗和抗生素滥用，将导致猪病越治越严重，不治反而更好。

# 第九章　猪场废弃物处理与资源化利用

## 第一节　环保要求

### 230. 新建养猪场需要环保局审批吗？需要提供哪些资料？

为有效控制日趋严重的农村面源污染，根据相关规定，新建、扩建养殖场必须经过环保审批。

提请环保审批须提供项目环境影响评价文件（年出栏 5 000 头生猪当量以上规模的提供环境影响评价报告书；年出栏 5 000 头生猪当量以下规模的，提供环境影响评价登记表），同时还须提供项目地勘报告、项目所在地（乡、镇、街道）人民政府及行业主管部门同意该项目建设的相关意见。

### 231. 猪场选址有哪些环保要求？

（1）各地人民政府应对养殖业划定禁养区、限养区、适养区。其中：禁养区包括生活饮用水源一、二级保护区，风景名胜区，自然保护区核心区和缓冲区，城镇居民区、文化教育科学研究区等人口集中区域，以及法律、法规规定的其他禁止养殖区域。限养区属禁养区和适养区之间的区域、江河流域沿线纵深 200 米陆域范围，限养区内要严格控制畜禽养殖场的数量和规模，不得新建、扩建畜禽养殖场，对现有的不符合环保和动物检疫条件的养殖场应逐步关闭或搬迁。

（2）被划定为基本农田的区域或被当地政府划定为禁养区的区域，禁止新建、改扩建畜禽养殖场和养殖小区，已建成的畜禽养殖场和养殖小区必须限期关闭或搬迁。

（3）新建养殖场必须与周边居民保持一定的防护距离（如渝府发〔2014〕37号重庆市人民政府关于贯彻《畜禽规模养殖污染防治条例》的实施意见：对存栏生猪当量达到200头的新建畜禽养殖场，卫生防护距离不少于200米；存栏生猪当量达到1 000头及以上的畜禽养殖场，卫生防护距离不少于500米），各地要求的防护距离不尽一致，具体以项目环评标准为准。

（4）养殖场周边必须有足以消纳养殖粪污的农田。

## 232. 环保部门对养殖场粪污的处理有什么基本要求？

畜禽养殖场、养殖小区应当根据养殖规模和污染防治需要，建设相应的粪污处理设施：

（1）**畜禽粪便、污水与雨水分流设施** 建立严格的自然雨水、生产污水两个独立的排水系统和排水设施，粪污沟应设置为地埋或明沟加盖沟渠（管网）汇入收集池。

（2）**畜禽粪便、污水收集池** 收集养殖场所有干湿粪污。

（3）**干湿分离设施** 规模养殖场必须配置粪污干湿分离机等机械设备，对粪便、污水收集池的粪污进行干湿分离。

（4）**干粪处理设施** 干粪堆放场，生物堆肥发酵设施、舍外发酵、有机肥加工设施或其他综合利用设施。

（5）**废水处理设施** 对干湿分离后的液态部分进行厌氧（沼气）处理或废水深度处理。

（6）**沼液贮存设施、高位池和田间贮存池** 对经过厌氧或深度处理后的废水进行暂存。

（7）**还田管网** 农用沼液管道还田灌溉。

（8）**畜禽尸体无害化处理设施** 已经委托他人对畜禽养殖废弃

物代为综合利用和无害化处理的，可以不自行建设综合利用和无害化处理设施。

　　未建设污染防治配套设施或自行建设的配套设施不合格，又未委托他人对畜禽养殖废弃物进行综合利用和无害化处理的畜禽养殖场、养殖小区不得投入生产或者使用。

　　畜禽养殖场、养殖小区自行建设污染防治配套设施的，应当确保其正常运行。

## 233. 规模猪场粪污量怎样计算？

　　规模养猪场污染物产生量计算为如下两种方式：

　　①对于规模育肥猪场，以养殖周期180天计：猪粪收集量平均2.5~3.0千克/（天·头），污水产生量8~12千克/（天·头）。

　　②对于规模种猪场，包括各时段的仔猪产污量，分摊到每头种猪，以周期365天计：猪粪收集量平均3.5~5.5千克/（天·头），污水产生量50~60千克/（天·头）。

　　规模养猪场的猪粪收集量和污水产出量与养殖模式和管理有较大关系。

## 234. 新建猪场环保验收内容有哪些？

　　具体的规模养殖场应根据该场的环境影响评价文件要求验收。一般而言，验收内容包括：

　　（1）实际建设的养殖场规模、地点与申报是否一致。

　　（2）环保设施落实情况。如雨污分流系统、粪污收集池、干湿分离设施、干粪处理设施（堆放间、发酵设施、有机肥生产设施、肥料堆放间等）、废水处理设施（厌氧设施、废水深度处理设施等）、废水贮存池、废水还田管网及还田高位池、田间池，必要的泵房及抽水泵等。

　　（3）环保设施与猪场粪污处理的匹配性。如废水池的容积，固废堆放处的大小等。

（4）废水消纳土地与猪场规模（或排污量）的匹配性。

（5）环保设施的运行情况。设施的运行条件是否满足，设施是否能正常运行，废水排放是否达标（批准达标排放的）及受纳水体情况。

（6）防护距离内的居民是否搬迁，试运行期间是否有污染投诉。

（7）运行记录检查。废水处理设施运行记录及用电量、有机肥销售记录、饲料购入记录等。

（8）管理情况。管理制度，岗位职责，医疗废物管理情况，病死猪处置情况等。

## 235. 畜禽养殖污染有哪些危害？

畜禽粪便既是宝贵的有机肥，种养结合良好的地区畜禽粪便对环境不仅没有污染，还促进了当地绿色、有机农业的发展。随着畜禽养殖业的迅速发展，产生的大量粪污及其废弃物给周围环境带来极大的压力，已成为农村环境污染的重要因素之一。如果畜禽粪便处理不当，则成为严重的环境污染源。

（1）**污染空气**　畜禽粪便长期堆放于养殖场，会向空气中散发许多恶臭气体，其中含有大量氨、硫化物、甲烷等有害气体，严重污染周围的空气，对人畜健康造成危害。

（2）**污染水体**　畜禽粪便和污水任意排放极易造成水体的富营养化，使水质恶化。有些渗入地下水，使地下水丧失了饮用功能，严重危及周围居民的供水安全。

（3）**传播疾病**　畜禽粪便污染物中含有大量病原微生物、寄生虫、卵，而且还能滋生蚊蝇，造成人、畜传染病的蔓延，尤其是当人畜共患疫情发生时，将给人畜造成灾难性的危害。据世界卫生组织和联合国粮农组织资料，由动物传染给人的人畜共患传染病至少有90余种。

（4）**医疗废弃物**　养殖场医疗废弃物乱扔、随意丢弃也会对环境产生危害。

## 236. 怎样避免猪场产生的臭味?

### (1)猪场臭味来源

①猪只自身的体臭:猪只采食饲料后,饲料在消化道消化过程中(尤其后段肠道),因微生物腐败分解而产生臭气。同时,没有消化吸收部分在体外被微生物降解,也产生恶臭、产生的粪污越多,臭气就越多。

②粪污发酵产生臭气:粪污中的有机物在发酵分解过程中会产生大量的硫化物、氨等恶臭气体。

### (2)减少恶臭污染的措施

①合理猪场布局,场内功能分开,加强通风透气,勤扫勤冲勤清理,保持场内整洁。

②严格雨污分流,减少污水产生量。

③严格实行干湿分离,干粪加菌种堆肥发酵,生产有机肥。粪水经沼气厌氧发酵后,还土还田。

④适量的给猪只喂食益生菌,使饲料中的蛋白质充分发酵,便于消化吸收,降低臭味。

⑤养殖场内及周边环境必须保持清洁有序,无废弃物乱堆乱放、杜绝废水乱排放现象。

## 237. 怎样避免环境污染纠纷?

①谨慎选址,猪场建设选址时尽量选在周边居住农户少、无学校、无饮用水源地、无河流、通风透气的地方。

②必须建设与养殖量配套的污染治理设施,即雨污分流、干湿分离、沼气池、沼液池、堆肥场、田间池、还土还田管网等。

③在养殖过程中确保污染治理设施的正常运行。

④注意场内通风设备的运行。

⑤保持养殖场清洁,对有机肥及沼液及时外运或浇灌农田,减

少场内存污量。

⑥对还田管网勤巡查，发现管网及连接破裂、损毁现象及时更换，以免发生粪水跑、冒、滴、漏现象，造成污染。

⑦搞好邻里关系，和气生财，任何一个企业的发展都离不开天时地利人和。

### 238. 怎么判定猪场污水是否污染周边水井？

（1）闻　有无明显的猪粪味。

（2）看　色泽是否发生明显的变化，发黄、发绿。

（3）化验　将水样送专业机构化验，看水样中的特征污染物与猪场废水是否有关联。

## 第二节　弃物处理与利用

### 239. 猪场产生哪些废弃物？废弃物处理应遵循什么原则？

猪场废弃物包括粪污（干粪、废水）、病死猪、胎衣、医用废弃物等，猪场废弃物处理应遵循减量化、无害化、资源化、生态化原则。

### 240. 如何才能实施产污最小化？

①严格实行雨污分流，严禁雨水进入到污染治理设施中。

②减少饮水溢流，多扫少冲。

③严格实行干湿分离，使沼气池发挥最大的厌氧发酵作用，尽量采用干湿分离机，这样就可以在有机肥的堆肥发酵过程中减少谷壳、秸秆等垫料的添加，减少产污量。

④沼液及田间池尽量修一个盖子，减少雨水的进入。

⑤养殖方式尽量采用干清粪方式，而不采用水冲粪、水泡粪方式。

## 241. 目前猪场粪污处理的主要模式有哪些?

（1）"种养结合"模式　鼓励采用传统养殖模式的畜禽养殖场实施"种养结合"治理模式。"种养结合"包括"六个工程子项"：雨污分流、固液分离、废水沼气化处理、粪便固废垃圾发酵有机肥、沼气利用、沼液贮存及管网化生态还田。工程重点是完善雨污分流、沼液贮存及管网化生态还田措施。

（2）"零排放"模式　在养殖总量较大的乡镇，在充分尊重养殖业主意愿基础上，可适度支持养殖业主采取垫草垫料"零排放"养殖模式的治理规划。"零排放"养殖模式需完善畜禽废弃物贮存设施或场所，并做到防雨、防渗、防溢。

（3）达标排放模式　适用于在大型养殖场，养殖场选址不合理或多家养殖场过于集中，周边消纳养殖粪污土地数量不足，采取养殖粪污的达标排放或部分还田的治理模式。达标排放模式即对废水经废水处理设施进行深度处理，一是使废水达到排放标准后直接排入环境，二是经深度处理后，降低废水中污染物浓度，增大使土壤受纳量。

## 242. 目前猪场粪污常用处理模式的优缺点是什么?

（1）"种养结合"模式

①主要优点：建设费和运管费低、运管简便。削减单位COD的建设投入是城市污水处理厂的30%~50%，可以实现全部还田利用，有机肥替代化肥改良土壤、降低农田地表径流污染。

②主要缺点：需要耕地数量大，协调耕地难度较大（一般由养殖场所在地政府帮助协调或养殖场与周边农民签订耕地灌溉协议）；如果沼液还田管网维护不到位或还田耕地不足，易造成部分沼液直排环境；激素、抗生素类药物和饲料中重金属（主要是铜、锌等）

添加物在沼液还田区域土壤富集。

### （2）"零排放"模式（垫草垫料养殖模式）

①主要优点：畜禽粪污通过生物垫床中的菌种分解，可以有效控制恶臭、无外排废水、劳动强度低，废生物垫床可作为有机肥。

②主要缺点：圈舍建设成本增加，且生物垫床底部一般未作防渗处理，可能污染地下水，养殖技术和防疫要求高，生物垫床菌群培养难度大，饮水中的生物菌对商品肉质和对环境的影响尚不明确，环保部正在逐步限制。南方气候潮湿，蒸发效果差，农业部门在南方不推广此技术。

### （3）达标排放模式

①主要优点：减小环境承受压力，提高土壤对废水的受纳量，降低环境污染风险和污染纠纷。

②主要缺点：工艺流程长，工程投资高、运行费高、管理要求高。

## 243. 何为沼气池两类型、四作用？

### （1）两类型

①环保型沼气池：固液分离在沼气池前，沼气产量小，沼液COD浓度低且黏稠度小、利于管网化还田。

②能源型沼气池：固液分离在沼气池后，沼气产量大、沼液COD浓度高且黏稠度大。

### （2）四作用

①产生农村新能源。

②熟化肥料避免因直接施用产生粪污在土壤中厌氧发酵升温导致作物烧根。

③抑制蛔虫卵等病原体、病原菌繁殖。

④降低粪污COD浓度。

## 244. 对小型养殖场的环保设施的技术要求是什么？

一般情况下，常年存栏500头生猪当量以下的养殖场为小型养殖场，其沼液（或粪污）可以通过非管网的形式实现生态还田，可不建设有机肥生产车间。要求沼气池水力停留时间15~20天，沼液贮存池累计水力停留时间45~60天；沼液（或粪污）生态还田耕地：猪400~533米$^2$/头（0.6~0.8亩/头）、肉牛1 000~1 333米$^2$/头（1.5~2亩/头）、奶牛2 000~2 667米$^2$/头（3~4亩/头）；采用管网化生态还田的，还田管网总长度至少是还田耕地亩数的5倍，即至少5米/亩。

## 245. 实施长期沼液还田（土）可能对土壤造成什么影响？

总体而言，使用沼液可减少化肥使用量，改善土壤结构。但从环保角度考虑，一是长期使用容易使土地富营养化，二是由于沼液中含一定量的锌、铜等重金属，长期在土壤中富集，使土壤受到一定程度污染。

## 246. 何为分散养殖区粪污集中处理工程？

将分散的养殖场粪污收集到一起集中处理。主要建设养殖场粪污原地收集贮存设施、固体粪便集中堆肥车间及加工设施、污水高效生物处理设施和肥水利用设施等，以及粪污转运、粪便处理和污水处理配套设施。采用粪车转运-机械搅拌堆肥-堆制腐熟-粉碎-有机肥商业生产的粪便处理工艺，提高肥料附加值；采用养殖场污水暂存-吸粪车收集转运-固液分离-高效生物处理-肥水贮存-农田综合利用的污水处理工艺。

利用养殖场畜禽粪便或沼渣生产生物有机肥的典型案例详见附录一：畜禽粪污固态废弃物生产生物有机肥模式——以"重庆农神生物（集团）公司"为例。

## 247. 养殖场的污染治理设施修建中要注意什么问题？

①雨污分流系统中雨水沟与粪水沟中间的隔栏一定要稍微修高

一点，以免下暴雨时雨水溅入到污水沟中。

②干湿分离机尽量安装到堆肥车间中，即防雨又节约人力。

③沼液池底部及四周一定要用水泥防渗。

④堆肥场修建要做到防雨、防渗、防流失。

## 248. 什么叫无害化处理，它有几种处理方式？

无害化处理是环境科学学术用语。意思是使垃圾不再污染环境，而且可以利用，变废为宝。无害化处理方式主要有以下几种：

（1）**填埋处理**  将固态废弃物经必要的前处理（如消毒）后，通过深挖地井、防渗池、防渗罐体等将其深埋地下。

（2）**焚烧处理**  一般是指将病死猪、医疗废物等用焚烧炉烧掉。

（3）**堆肥处理**  将猪干粪、沼渣等在堆肥场或器具中，通过条件控制在微生物作用下，发生降解并使有机物发生生物稳定作用，变为有机肥料。现代化的堆肥过程一般是好氧堆肥过程。好氧堆肥工艺由前处理、一次发酵、二次发酵、后处理及贮存等工序组成。发酵过程主要有野积式和发酵仓式两大类。发酵仓又可以有槽式、筒式、立式、卧式等许多形式。场猪粪便无害化处理应符合NY/T 1168—2006畜禽粪便无害化处理技术规范。

## 249. 什么叫污水深度处理？

就是将通过前期处理（如厌氧、沼气处理等）后的废水采用物理、化学或生物技术作进一步处理，使废水污染物浓度大幅降低，以达到排放或利用要求。猪场污水深度处理技术，通常采用预处理、高效厌氧发酵、好氧处理、多级生物净化、消毒、膜生物反应等多级处理技术。

养殖场畜禽污水（含沼液）处理和利用的典型案例详见附录二：畜禽粪污液态废弃物处理和循环利用模式——以重庆南标科技有限公司为例。

### 250. 干粪有哪些处理和利用模式?

（1）**猪粪还田** 猪粪还田是我国传统农业的重要环节，"粮—猪—肥—粮"型传统的农业生产，是比较典型的生态农业，猪粪还田在改良土壤、提高农业产量方面起着重要的作用。粪便可以通过土壤的自净作用处理，土壤获得肥料的同时净化粪污，节省了处理费用。猪粪作肥料还田应符合GB/T 25246—2010畜禽粪便还田技术规范。

（2）**腐熟堆肥** 土壤的净化能力有限，施用过多容易造成污染，鲜粪在土壤里发酵产热及其分解物对作物生长发育不利，所以施用量受到限制，每公顷耕地鲜粪施用量7.5~9吨。对鲜粪进行腐熟堆肥后施用，可以解决上述矛盾，又能提高肥力。在猪粪腐熟的过程中，温度可达到50~70℃，杀灭粪中绝大部分的微生物、寄生虫卵和杂草种子，处理后的肥料含水量低、无臭味，属于迟效性肥料，使用安全方便。

（3）**猪粪发酵有机肥** 猪粪含有丰富的氮、磷、钾和有机质，是有机肥的好原料，但猪粪要作为真正的有机肥施用于农田，还需要做进一步的发酵处理。猪粪经发酵剂完全发酵后，臭味全无，病菌及寄生虫卵也被杀灭，发酵后的粪肥中还产生了菌体蛋白和菌群代谢产物，补充了营养，施用时不会发生烧根烧苗的现象。

（4）**猪发酵鱼虾饲料** 猪粪经微生物分解释放出可为鱼虾吸收利用的有效养分，经专业的鱼虾饲料发酵剂处理，成为安全环保且营养丰富的饲料。但生猪粪中含有寄生虫卵及一些有毒物质和病菌，所以也不能用生猪粪直接喂鱼虾。另外，猪粪也可发酵制成畜禽饲料。

### 251. 什么是"三改－两分－再利用"技术模式?

粪便"三改－两分－再利用"技术，是指针对城市郊区农田面积小、消纳农田面积有限的规模养殖场，养殖粪便不能全部就地利用，传统养殖场存在的污水产生量大、环境负荷和废弃物处理费用高的问题，改水冲清粪或人工干清粪为漏缝地板下刮粪板清粪，改无限用水为控制用水，改明沟排污为暗道排污；固液分离、雨污分离；畜禽粪便经过高温堆肥无害化处理后异地还田，养殖废水经过储存池稳定化处理后为肥水浇灌农田等技术措施，实现养殖场粪污减量化、资源化利用。

通过改造雨污分离管道系统，购置粪便机械清粪设备、固液分离设备、固体粪便强制通风好氧堆肥系统、氧化塘处理贮存一体化设施、肥水输送设备，建设肥水田间贮存池、管网等农田利用配套设施。从源头减少污水产生量，并对固体废弃物进行堆肥处理后异地利用。

## 252. 猪场病死猪如何处理?

（1）**焚烧处理** 用焚烧炉将病死猪焚烧处理，多用于传染病致死猪尸。

（2）**化尸或填埋处理** 包括建设永久化尸窖，用废弃有机物处理设备或选购玻璃缸化尸罐，再就是深挖土坑填埋，也可用沼气系统处理病死猪。

（3）**资源重生** 一是用铁锅高温煮沸处理非传染病致死猪或胎衣后可作为猪饲料添加物；二是小型猪场可利用堆肥系统处理，生产有机肥；三是大型养殖场可采用死猪尸体分切—绞碎—混合发酵—杀菌—调节水分—添加专用微生物菌发酵过程，将其转化为无害化的有机肥料。

## 253. 沼渣有哪些作用?

（1）**作养殖饲料** 可作为菌类养殖、蚯蚓养殖、鱼类养殖，还可作为猪饲料。

（2）**作农作物肥料** 沼渣富含有机质、腐殖质、微量营养元素、多种氨基酸、酶类和有益微生物，能满足作物生长的需要；而且沼渣质地疏松、保墒性能好、酸碱度适中，经过腐熟剂腐熟生产成肥料后，能起到很好的改良土壤的作用。水稻、梨、柑橘、玉米、黄瓜及大棚蔬菜施用沼渣增收明显；茶树施用沼液既增产又提升品质，花卉施用沼渣发育效果明显。

（3）**酿酒**　以酒厂老窖泥与沼渣厌氧菌共同发酵培养早熟泥，可提高原料出酒率。

# 第三节　环境管理

### 254. 环保对猪场的日常监管内容是什么？

①养殖场是否存在新建、扩建养殖规模现象。

②是否修建雨污分流系统。

③人工分离干清粪是否彻底，安装有干湿分离机的养殖场，检查干湿分离机是否正常运行。

④沼气池、沼液池是否有开裂、垮塌、外溢现象。

⑤废水处理设施运行是否正常，设施用电费是与设施运行是否匹配。

⑥还田管网是否完整，有无破损、污水外漏现象。

⑦场内是否整洁，有无污水横流现象。

⑧养殖场周边是否设有明、暗排污沟。

⑨养殖场是否建立设施运行、监管及粪污转运、浇灌记录台账。

### 255. 养殖场所产生的医疗废物有什么危害，如何管理？

猪场用于医疗、卫生防疫的废弃物以及过期兽药等均视为医疗废物。根据2008年8月1日施行的《中华人民共和国固体废物污染环境防治法》，兽用医疗废物已被列为《国家危险废物名录》49类废物中的首位，主要可分为感染性废物、病理性废物、损伤性废物、药物性废物、化学性废物五类。

（1）**危害**

①医疗垃圾对大气、地下水、地表水、土壤等均有污染作用。垃圾露天堆放，造成大量氨气、硫化物等有害气体的释放，严重污染大气。

②医疗垃圾携带的病原体、重金属和有机污染物经雨水和生物水解产生的渗滤液，可对地表水和地下水造成严重污染。

③垃圾渗滤液中的重金属在降雨的淋溶冲刷作用下进入土壤，导致土壤重金属累积和污染。

④医疗垃圾中有许多致病微生物，又往往是蚊、蝇、蟑螂和老鼠的繁殖地，这些病菌可以通过在垃圾中生活的生物，转移给人类。

⑤废弃的医用器械有可能损害或割伤人体，化学性医疗废物具有毒性、腐蚀性、易燃易爆性，而携带病原微生物的医疗废物可直接引发传播感染性疾病。

（2）**管理** 猪场医疗废物不得私自填埋、回收、乱扔和交其他人处理，只能交由有资质的单位处置，猪场应指定专人管理，建立管理台账，设置专门的收集暂存点，医疗废物转移应执行转移联单制。

## 256. 怎样加强养殖场污水处理设施的运行管理?

①建立健全管理制度，明确岗位职责，环保设施工艺流程、操作规程、污水管网图等必须上墙。

②环保设施的运行管理必须专人负责，运管人员必须定期培训。

③规范环保设施运行记录和设施维护检修记录。

④定期检修雨污分流系统，避免雨水进入污水处理系统，减少污水量。

⑤保证干湿分离机的使用，以降低粪水浓度。

⑥对沼气池定期清淘，对还田管网加强日常巡查，发现破损现象及时修复，防止污水外漏现象。

## 257. 怎样降低污染防治成本？

（1）**从选址上减少环境污染的途径**　建场时一定要把猪场的环境污染问题作为优先考虑的对象，不要将场址选择在大中城市的城郊或靠近公路、河流水库等环境敏感的区域，避免产生严重的生态环境问题。要将排污及配套设施规划在内，充分考虑周围环境对粪污的容纳能力。应尽量选择在偏远地区、土地充裕、地势高燥、背风、向阳、水源充足、水质良好、排水顺畅、治理污染方便的地方建场.

（2）**从营养角度减少环境污染的途径**　饲料安全是畜产品安全的前提和保障，在有条件的养殖场内最好采用膨化和颗粒加工技术，破坏或抑制饲料中的抗营养因子及有害物质和微生物，以改善饲料卫生，提高养分的饲料转化率，减少粪尿排泄量。

（3）**使用添加剂**　在饲料中辅助添加益生素、酶制剂、酸化剂、氨化抑制剂、吸附剂、纤维素或寡糖以及除臭剂等，可以大大减少猪粪尿中氮、磷和臭素的排出量。

（4）**养殖模式创新**　建立立体生态养殖和生态循环模式，充分利用地面空间及水产养殖业，以再生饲料喂纽带，综合各种资源化技术，提高废物利用率。

（5）**加强管理工作**　强化污染防治设施地运行管理，加强环保设施运行人员的培训，建立健全各种规章制度，降低设施运行费用，减低环境污染风险，避免环境污染事故和纠纷。

# 第十章 猪场供应与销售

## 第一节 物资类别

### 258. 怎样保障饲料供应？

均衡优质的饲料供应是保持猪健康和提高免疫力的根本前提，因此保障饲料供应至关重要。

（1）**计算生产猪群饲料需要量** 生产部门应根据猪场不同阶段猪只数量，计划2~4周的全价配合饲料分阶段、分类别的需要量，递交全价配合饲料的需求计划；自配料需要根据全价配合饲料配方推算出饲料原料的需要计划，需要准备2~3倍饲料原料，避免原料不够导致全价料无法生产而断料，同时注意计划饲料需要量时还要充分考虑成品料或原料的库存，避免库存积压，过期失效或霉变而造成浪费。

（2）**提前申报饲料计划** 根据采购部门从采购到回场需要的时间周期提前递交计划，商品饲料提前半月递交申请，自配料原料需要提前1~2月递交申请，预留充足的时间给采购部门，保证质量的同时能按时到场。

（3）**采购部门及时组织货源** 采购部门根据生产部门饲料需求计划的时间、品种、数量，按照采购制度，认真组织货源，保证优质优价按时采购回需要的商品饲料或饲料原料。

### 259. 怎样保障药品供应?

①猪场兽医主管提交药品需求计划,根据猪场猪群的健康状况,提交相应的预防和治疗药品计划,提交的药品应注明主要成分和含量,不能用商品名代替,药物不能一次计划太多,应考虑轮换用药,减少微生物耐药性的产生,同时需要储备一定量常规药品。

②采购部门组织采购,选用正规厂家生产的合格产品;选用性价比高的药品。采购部门注意与兽医主管及时沟通,保证采购药品的优质优价。

③采购部门及时收集药品使用后的药效反馈,根据实际应用效果,调整供货商,保证药品的性价比。

### 260. 怎样保障生物制品供应?

①兽医主管根据周边的流行疫病特点及本场的实际情况,有针对性提交相应生物制品计划,使免疫、防疫做到有的放矢,保证猪群健康。

②采购部门选用正规厂家生产的合格产品,选用性价比高的,选用与本场及本地区流行及受威胁疫病毒株相匹配的疫苗。注意疫苗采购运输过程必须全程冷链运输,严格按要求冷藏或冷冻保存相关疫苗。

### 261. 怎样采购劳动工具等低值易耗品?

(1)**计划采购** 低值易耗品的供应采用需求部门提供需求计划,储备一定库存,以旧换新的原则,以减少浪费,节约成本。同时库管随时根据库存情况及时提交需求计划,及时补充库存,以保证低值易耗品的供应。

(2)**低成本采购** 一是通过网购或电商直销,跨过所有中间环节,最节约;二是联合采购,集体发货,节约物流成本。

## 262. 怎样保证猪场能源供应?

能源供应主要用于照明、保温、降温、发电等,包括电源、柴油、天然气等。

（1）**电力设施** 必须保证最大负荷所需要的电流,提供抽水、保温灯、电热板、风机等的用电需要。

（2）**柴油** 主要在停电时保证供电需要,一个300头母猪的猪场至少需要提供30千伏安以上的柴油发电机。

（3）**天然气** 保育和产房供暖可以采用天然气烧锅炉来供暖气。

## 263. 猪场低值易耗品有哪些?

低值易耗品供应的内容包含价值低、易损物资,如劳动工具,易损设备等。包括喂料用的料铲、料车;除粪用的粪铲、粪车;打扫卫生用的扫把、拖帕;消毒用的清洗、消毒机;治疗用的注射器、手术针、持针钳、缝合线手术刀柄、刀片等;接产用的毛巾、接产筐、桶、盆;仔猪管理用的牙钳、耳缺钳、断尾钳、剪刀、称猪筐、电子秤、转猪车等。

常规低值易耗品见图10-1至图10-22。

图10-1 雾化消毒或
降温风扇

图10-2 降温轴流风机

图10-3　运料老虎车

图10-4　仔猪称重笼

图10-5　仔猪称重电子秤

图10-6　自动采食料槽

图10-7　仔猪保温电热板

图10-8　畜禽加液器

图10-9　离心式消毒
通道消毒机

图10-10　红外线保温灯

图 10-11　饮水碗

图 10-12　灭蝇灯

图 10-13　乳头式、鸭嘴式饮水器

图 10-14　仔猪加热饮水器

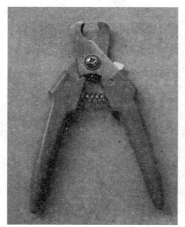

图 10-15　一般断尾钳

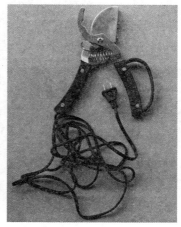

图 10-16　电热断尾钳

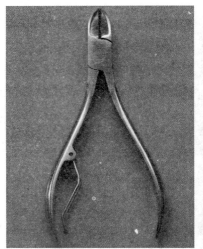

图10-17　牙　钳

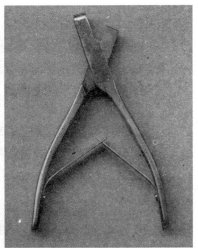

图10-18　耳缺钳

图10-19　转猪车

图10-20　清洗、消毒机

图10-21　料　车

图10-22　粪　车

## 第二节　**物资供应**

### 264.　怎样合理编制需求计划?

　　根据需求计划来制定采购计划,是指采购人员在了解市场供求情况、认识企业生产经营活动过程中和掌握物料消耗规律的基础上,对计划期内物料采购管理活动所做的预见性的安排和部署。采购计划是根据生产部门或其他使用部门的计划制定的包括采购物料、采购数量、需求日期等内容的计划。

　　编制数量计划应达到以下目的:①预估材料需用数量与时间,防止供应中断,影响产销活动;②避免材料储存过多,积压资金,占用仓储空间;③配合公司生产计划与资金调度;④使采购人员事先准备,选择有利时机购入材料;⑤确立材料耗用标准,以便控制用料成本。

　　编制数量计划应根据生产计划定量,即耗用数量加上预期的期末存货减去期初存货来拟订。

　　生产计划只列示产品的数量,若想直接知道某一产品需用哪些物料,以及数量多少,则须借助用料清单。根据该清单可以精确计算制造某一种产品的用料需求数量。用料清单所列的耗用量,即通称的标准用量,与实际用量相互比较,可作为用料控制的依据。

　　若材料有库存数量,则材料采购数量也不一定要等于根据用料清单所计算的材料需用量。因此,必须建立物料的存量管制卡,以表明某一物料目前的库存状况,再依据用料需求数量,并考虑购料的作业时间和安全存量水准,算出正确的采购数量,然后才开具请购单,进行采购活动。

　　生产计划、用料清单或材料需求计划以及存量管制卡,是决定采购数量的主要依据。只有这样综合考虑才能编制合理的需求计划。

## 265. 供应合同如何健全?

完善的供应合同应包括供需双方单位、地址、联系人、联系电话、货物名称、规格型号、质量标准、数量、单价、金额、交接地点、包装、运输、卸货、收货人、验收、风险转移、付款方式、售后服务、违约责任、争议解决及其他(保质期、售后服务等)。

## 266. 怎样把控供应物资的质量?

(1)**选择优秀供应商是质量控制的重要环节** 生产优秀的产品需要优质的原材料和外购件,优质的原材料和外购件需要优秀的供应商来提供。因此,供应商的选择是进行质量管理的重要环节。很难想象一个管理松散、设备陈旧、人员素质低下的供应商可以提供出优秀的产品来;也很难想象一个信息闭塞、言而无信、财务紧张的供应商可以及时、保质保量地提供企业所需要的产品。

(2)**互利共赢的供应商是质量控制的契约要求** 为了保证顾客对产品与服务满意,企业必须对产品形成的全过程进行严格的管理与控制。为了使整个供应链中每一个环节,即合作伙伴,明确他们对质量的责任与义务,并保证实现,伙伴之间必须以契约的形式形成承诺,并按照承诺的内容测量质量与服务。

(3)**检验是对供应商进行质量控制的基本手段** 进厂材料和外购件的检验和监督是保证外购材料和零件的重要手段。进厂检验的基本目的就是防止不合格品流入生产流程,造成不必要的损失,它要求与其效果符合的最经济的手段和资源,这对于供需双方都是有利的。

(4)**不合格品的判定与处理** 在与供应商长期合作的过程中,供应商提供的产品可能会出现不合格品,客观合理地判定与处理不合格品对形成良好的供应商关系非常重要。

(5)**供应商的业绩评定与动态管理** 供应商作为产品实现的重要资源之一,必然要讲求其有效性。2000版ISO 9000标准就把管理体系的有效性作为一个重点来考虑，因此对供应商进行业绩评定十分重要，它是进行动态管理、择优汰劣的依据。

## 267. 怎样把控供应物资的安全性？

把控物资采购过程控制，确保物资供应的规范管理。

（1）**严格准入审核**　实现对采购渠道的规范化管理。从源头上做好管理和监督，为了更好地优化当前我国各个物资采购渠道，需要对物资采购行为进行规范化管理，进一步提高物资管理水平，当前比如我国沈阳物资供应段在物资采购过程中就实施了科学有效的管理过程，对物资采购渠道从源头上进行规范化管理操作，实施了有效的市场准入制度，同时在采购管理过程中，确保厂商资质的三证，公允价格以及决策原则等都符合要求。

（2）**强化预算管理**　认真执行公司有关采购预算额度管理工作当然在预算管理过程中，需要保证将有限的预算资金用在保证紧急需要的物资供应过程，这样可以有效的降低预算外的开支情况。

（3）**确定采购招标，强化价格管理**　在采购招标工作开展过程中，凡是能够形成整批量的物资都要开展招标工作，这样能够争取批量采购折扣，更好地节省运输仓储费用。价格管理过程中，需要对局部物资实施局部指导价格管理制度，对于新出现的物资价格需要按照新的物资采购指导价审批表进行填写，之后对其旧的相应价格进行调整，一次性超指导价采购填报相应的审批表，实现对段物资管理部门有效的监督管理，保证其价格合理，实现对价格的动态管理，及时地掌握相应的价格信息，根据市场对应物资的公允价格变化对其价格管理方式进行调整，这样能够根据市场价格变化情况对其物资调价事宜进行管理。严格审核和监督，并且将其相关的资料和数据存入到档案中，任何人都不能够随意进行定价，在这个基础上，做好对日常采购价格的抽查和管理，加大管理力度，每个月由相关部门的领导人员负责进行抽查管理，一旦出现价格过高的情况，且这种价格过高情况没有正当理由，必须要对相关的责任人员进行处罚。

（4）**验收环节把好关，实施及时的跟踪反馈** 确保物资质量是安全的保障，安全是运输生产的重要生命，物资供应质量的好坏直接关系着猪场生产的安全和效率，因此要想保证整个物资采购过程和供应过程的安全高效，就必须要将物资质量放在第一位对待。

（5）**严格承付手续** 做好物资采购资金结算管理在资金结算之前，需要由相关的工作人员对每个月的收料单位进行分析，对其收料价格等方面进行严格的审查，之后对各个单位的预算进行平衡，进一步对预算金额进行核对后进行核销，并且结转签字。在承付料款的过程中，取消个人挂支单方式，采用集中付款方式，这样能够保证承付的资金在一天内全部付出，避免业务人员向厂商示好的行为出现，同时也加强了对整个资金运营全过程的监督管理，有效地避免付款过程中出现的一些个人行为不良的情况。加强对物资采购过程的控制和管理，建立相应的监督管理制度，不断健全管理机制，使得业务行为变得更加规范和科学合理，确保了物资供应过程的规范化管理。

## 268. 怎样保证供应物资的性价比？

（1）**选择供应商** 供应商的选择需从批准的【合作供应商名单】中选取，采购部一般应挑选三家以上的供应商询价，以作比价、议价依据，采购主管在审价时，认为需要进一步议价，则由采购主管与供应商亲自议价，总经理在核价时，均可视需要再行议价或要求采购部门进一步议价。

（2）**价格调查** 已核定的物料，必须经常分析或收集资料，作为降低成本的依据，同时应随时掌握市场价的浮动数据，更好地把握市场。

（3）**询价和比价** 根据采购物料的品种、规格、标准、数量和交付期的不同，采购人员应选择至少三家符合采购条件的供货商作为询价对象，采购人员应根据过去采购的情况，市场变化情况及公司成本预算等，确定采购目标价格，对供应商进行比较筛选出条件最优的供应商。

（4）验货与质量检查 采购回的物料必须进行抽样化验，确保质量符合要求，不合格的物料必须退回，保证物料性价比最高。

## 269. 生物制品供应的效价评定及保存需注意哪些问题？

生物制品指从微生物及其代谢产物、原虫、动物毒素、人或动物的血液或组织直接加工制成，或用现代生物技术、化学方法制成，作为预防、治疗、诊断特定传染病或其他有关疾病的免疫制剂，包括各种疫苗、抗血清、抗毒素、类毒素、免疫调节剂、诊断试剂等。

采购回的生物制品必须进行效价评定，应根据实际情况，到当地有关部门送检，采取相应程序进行检测，切不可根据经验盲目判断。

生物制品的正确保存是保证免疫效果的最重要环节，保存不当极易造成免疫失败。

生物制品的保存应严格按照使用说明书规定的条件保存，切不可因条件所限擅自变通。

一般情况下大多数的活疫苗都必须在零下15℃以下保存，保存期为2年；大多数灭活苗必须冷藏保存，不得冻结。

保存时注意建立存储卡，登记入库日期、品名、数量、规格、批号、失效期、出库的数量、批号，同时定期登记疫苗贮存温度。确保生物制品的良好贮存，保证质量不受影响。

## 第三节 销售猪只质量控制

## 270. 销售仔猪装车前有哪些注意事项？

①猪群限饲或不喂。猪只采食过饱，上下车容易拥挤、呕吐，

应激增大。

②提供保健饮用水。装猪前2小时，在饮水中加入维生素C、黄芪多糖、阿莫西林等保健药品，增强抗应激能力。

③对猪只进行筛选。挑出过大、过小、健康度差、皮毛干燥、拉稀、便秘等质量差的猪，保证出栏商品仔猪整齐度和健康度的一致性。

④装猪车的消毒和垫料的准备，防止猪只肢蹄受伤和降低病菌的感染风险。

⑤准备好包装，散装猪装备好猪网或装好猪后锁好车门，防止猪只逃跑。

⑥仔猪称重过磅时，打防疫耳标，不在猪圈内追赶猪打耳标，以免增大应激。

## 271. 肥猪销售前后有哪些注意事项？

①适当限饲，避免过饱应激太大，影响肉质。

②准备好赶猪工具，如赶猪板或饲料包装袋，赶猪棍，注意驱赶要快，但要避免鞭打肩背腰、臀部，鞭打后淤血到屠宰后能清晰看见，猪不走时，也不宜牵拉耳朵，否则影响胴体美观，赶猪宜迅速，不能让肥猪有停留和倒转的机会，不然驱赶难度会增大。

③分批次赶猪，注意同批次猪大小相近，保持均匀度，增加卖相。

④销售肥猪尽量全进全出，避免在一群猪中挑选，每选一次猪，赶猪过程都会对挑剩的猪造成应激，日增重、料肉比都会受影响，因此尽量做到全进全出。

## 272. 销售合同订立注意哪些环节？

猪只的销售合同分肥猪、种猪、商品仔猪三类。

（1）肥猪销售合同　注意约定体重、价格、承诺质量即健康度、违禁药物禁止、休药期等，约定双方的义务与责任，同时约定必须全进全出的工艺模式，售猪时应无条件全栏同出，违约责任，药残责任赔偿，免责的情形约定，交割方式等。

**（2）种猪销售合同**　注意数量、性别、体重、供种日期、单价（一口价或基价加超重价）、交货地点、付款方式、质量承诺（健康保证期限、种用合格率保证）、争执处理（仲裁机构）。

**（3）商品仔猪销售合同**　数量、单价、金额，质量标准，付款方式及期限，售后服务约定，健康质保期限（1~2周），违约责任及仲裁机构，不可抗力约定等。

## 273. 怎样保证销售资金的到位？

猪场销售猪只如何保证销售资金到位，避免欠账追收不成功而成为坏账，造成猪场的损失，应从以下几方面注重监管：

①签订完善的猪只销售合同，同时约定合同签订有效时预付销售金额15%~30%的订金。

②交货前，买方查验好猪只，准备装猪前，付清猪款，以基价和超重价计算的猪款，先付预算金额的80%（含订金在内），或装猪后马上全款支付，保证先付清猪款后发猪。

③收款时考虑不能实时到账的情形，应提前做好预付款的收款工作，避免周末交易，或周末交易，提前收款。

④遇到不能完成先款后货的情形，必须请示分管领导和财务负责人，完善资金收付担保或抵押相关工作，按照谁担保谁负责的原则，落实资金回收责任人。

## 274. 怎样加强销售环节的监管？

销售环节容易滋生腐败，因此必须加强监管。

①销售透明化，优质优价。不同规格质量的猪只对应不同价格，一旦定价不能随意改动，销售员更不能暗箱操作，以低价格销售高价位的猪只，在对方捞油水，更不能以高价位销售低价位的猪

只，自己给对方经办人员返信息费，一旦购货方老总知道，反被误认为高价的猪质量差，影响售货单位诚信度，回头客会减少，这是行业禁忌。

②健全规章制度。形成监督机制，遏制不规范行为发生。

③销售合同定制。必须按照公司内部形成的模板约定，如果购货方提出修改意见，有原则性的改动，必须向上级请示，得到同意后方可执行。

④对于订单量大的客户，需要提请上级分管领导提交决策，集体拟定优惠事宜，销售员及部门经理不能擅自主张优惠与否。

# 第四节　售后服务

## 275. 猪只运输途中应注意的问题有哪些?

（1）**车辆消毒**　最好装猪前空置一天，同时清洗后用高效消毒剂进行两次以上严格消毒，装猪前用刺激性小的消毒剂消毒一次。

（2）**减少应激**　装猪前注射长效土霉素和适量镇定药物。

（3）**注意装猪密度**　夏天适当密度小些，冬天密度可以稍大，夏天运猪选择气温低的早晚装猪，装好猪后，使用干净的凉水将猪冲透，车顶注意遮阳、透气，冬天选择晴朗天气，遮盖透气的情况下防吹感冒，装猪车辆能够提供饮水最好，无条件时可以提供适量青绿饲料，解决补充水分问题。

（4）**防猪肢蹄损伤**　车厢内铺上垫料，冬天可选择稻草、锯末，夏天可选择细沙。

（5）**运输途中定时检查**　出现意外及时处理，同时注意车辆安全性，观察猪网和车厢的完整性，防止猪只逃跑丢失。

## 276. 销售质量承诺期限多长合理?

销售质量承诺期限一般1周至2周,如果猪群不健康,经过长途运输的应激到场2~3天就会发病,因此承诺1周是给客户安全保障的定心丸,承诺2周,更是诚信的表现,承诺的时间越长,要求猪群的健康度更高,这就要求售后服务要跟上,指导客户做好猪群进场后的保健和管理,你的承诺才会更好实现。

## 277. 一般种猪质量承诺的内容是什么?

种猪的质量要承诺到性成熟的种用率上,让购货方放心购买。一般种猪质量承诺的内容包括承诺公猪精液质量,成年出现无精或死精或活力不足包换;承诺母猪成年后发情率不低于95%,超过比例的按照商品猪的价格,补价另购。同时要承诺运输后健康保证,到场1~2周内成活率保证至少90%以上。

## 278. 售后技术培训的内容有哪些?

售后技术培训的内容首先是进场过渡期的保健和管理,其次是免疫,再就是后期的公猪调教和使用,母猪的发情观察和适时配种,妊娠母猪的饲养,母猪的接产、仔猪的护理和开饲调教及阉割和保育管理,仔猪的保健免疫等内容进行培训。

## 279. 猪只到场后怎样进行售后跟踪服务?

售后跟踪服务猪只到场处理:休息半小时,供应添加了保健抗应激的饮水,药随饮水进入猪体,增强抵抗力,半小时后饲喂少量精料,后续保证添加保健药的充足卫生饮水,前3~5天控制饲料,5天以后按正常需要量饲喂猪只,每天2~3餐,并且喂料时驱赶猪只进食和观察,不食或异常的猪只进行对症治疗,尽最大努力减少损失。

### 280. 售后出现质量问题该如何解决?

售后出现质量问题，首先技术服务团队积极出面，了解实际问题，划分责任，属于自己责任，严格按照合同或协议执行。如果是对方处理不当，或未按照出售方建议操作导致的问题，作为销售方，也应积极配合，减少对方损失。

### 281. 供种后应该提供的手续有哪些?

供种后应提供的手续有检疫合格证，种猪需提供种猪合格证原件（一猪一证），种猪场生产经营许可证复印件，统一社会信用代码（企业营业执照上有）复印件，种猪出场证原件（内含系谱资料、免疫程序）等。

## 第五节 供销管理

### 282. 供销部管理制度有哪些?

供销部管理制度有：采购职责的划分、采购报批程序、采购物资款的支付、猪只销售管理。

（1）**采购职责的划分** 分低值易耗品和其他生产耗用品采购，前者直接采购，后者必须拟定计划上报批准后实施。

（2）**采购报批程序** 根据生产耗用及库存报计划，编制好采购计划报批后执行，采购前需要询价，比质比价后采购部定价格和供应商采购，对大额采购还需要招标采购。

（3）**采购物资款的支付** 不管现款采购还是赊购，在结算付款时均需由供销部门填开《付款申请单》，需相关部门审核后连同有关凭证报财务部门审核，并经总经理签字批准后，财务人员方可付款。

（4）**猪只销售管理** 对猪只销售实行目标任务责任制。对客户签订销售合同遵循公司规定，特殊费用和特殊条件需报请领导同意后执行，签订合同后供销部按照合同履行，协助猪款的回收，原则先收款后发猪，同时协助做好售后服务工作。

## 283. 供销部人员基本素质要求有哪些？

供销部人员基本素质要求：①品行端正；②具有良好的沟通能力和谈判技巧；③具有良好的心理基础和吃苦精神。采购工作所处的是一个比较敏感的岗位，是公司与供应商之间的桥梁，这个桥梁关系着公司原料成本的高低，因此需要的采购人员就要比其他岗位的人员更严格一些。采购人员采购的原料多，接触的供应商也多，只有这个采购人员品行端正，大公无私，那样才会不容易被腐蚀，才能真正成为公司原料大门的站岗人；④采购人员要与供应商接触，就要具有较好的沟通谈判能力，只有这样才能在采购过程中占有优势。

## 284. 怎样有效管理销售人员？

监督，是防止违法违规行为的必要手段。没有监督的权力，往往容易产生腐败；没有监督的行为，往往会偏离正确的轨道。不断规范营销业务工作行为，营造清正廉洁的工作氛围，打造一支规范、效率与活力并重的一线销售工作队伍。

（1）健全各项管理制度，加强日常的监督管理。重新结合每一个具体的岗位，找准关键环节，找到突出的风险点，明确一线业务工作者应当学习的相关内容和相关法律法规，明确哪些行为是日常业务工作者禁止不可为的，明确哪些行为是应当受到推崇和鼓励的；

（2）拓宽监督渠道，全方位推进日常监督。

（3）充分利用现代科技手段，有效推进信息化监督，对一线业务工作人员的监督。可以利用GPS手机和智能化信息平台，不定时抽查，实时掌握一线业务工作人员的工作动向，储存相关工作信息，使一线业务工作行为处于全天候的监督状态，确保发现问题时能够开展有针对性的调查，提升监督效率。

（4）尽可能开展专项督查行动，由分管供销部门的班子组织，集中查处相关违法违规行为，开展专项督查的监督检查行动，有利于震慑那些趋向于违法违规的人员，从而全面提升业务工作人员的整体形象。在日常监督的基础上，不定时采用明察和暗访相结合的方式，到集中区域进行调查了解，也不定时进行服务跟踪，及对一些零售户进行暗访，以了解销售员是否存违法违规行为。

（5）加大一些典型案件处理的宣传，不断强化一线业务工作人员的监督，加大典型案件查处的宣传，从而促进一线业务工作人员对相关法律法规的熟悉和了解。更重要的是，通过这些宣传，有利于进一步警醒一线工作人员，进一步完善监督体制。

## 285. 供销部奖惩考核有哪些指标？

为建立现代化企业管理制度，增强企业的经济力、竞争力；增强部门的业务能力、协作能力；增强员工的凝聚力和向心力，应当进行全员考核。

销售部考核对象为销售部经理、业务员、内勤和库房管理人员。

**（1）销售部经理考核指标**　销售任务50%，销售价格30%，货款回收10%，库存数10%（一个月的存栏）。

**（2）销售部业务员考核指标**　销售任务，销售价格。

**（3）销售部内勤考核指标**　工资组成由基础工资＋考核工资＋奖励工资，考核工资为劳动纪律20%、业务技能30%、服务质量20%、工作完成情况30%。奖励工资从销售部业务人员奖励金额提取一定比例发放。

**（4）销售部库房人员考核指标**　基本工资＋考核工资，考核工资按出入库数量计提。

## 286. 怎样调动供销人员的积极性?

调动供销人员的积极性,应从以下几方面着手:

(1)**短期激励(月度)** 基本岗位待遇,即基本岗位工资+工龄工资,采用工资"标准底薪+高提成+高绩效"模式能留住人才也能调动积极性。

(2)**中期激励(季度)** 绩效工资,增加月度优秀员工奖等。

(3)**长期激励(年度)** 增加全勤奖、销售排名奖、突出贡献团队奖、年度优秀团队奖。

# 第十一章　猪场经营管理

## 第一节　经营管理目标及定位

### 287. 猪场成本控制关键点有哪些?

决定猪场生产成本的因素众多，其中最为重要的因素有三方面：

（1）**饲料成本的控制**　从业者都清楚，饲料成本在养猪生产中占总投入60%~80%的比重，但是，生产实践中，饲料的合理选购，精准投喂及减少浪费方面，还需重视和提升。

（2）**粪污处理成本控制**　随着国家对生猪养殖的环境污染控制要求不断提高，合理的粪污处理和利用成为猪场能否生存的关键因素。猪场经营者必须在猪群饮水、冲水等猪场用水的科学管理及粪污的贮存、处理工艺等方面下足功夫。

（3）**饲养空间及设备的利用**　猪场生产经营者需按照设计要求合理使用圈舍，最大限度地利用饲养空间及设施设备，提高圈舍及设备的使用效率，降低固定资产单位个体的折旧成本，提高猪场效益。

### 288. 怎样打造猪场企业文化?

猪场的企业文化，就是在猪场的内部形成独特的文化观念、价值观念、历史传统习惯、作风道德规范和生产观念，作为猪场共同的指导思想和经营哲学。

**（1）健全的管理制度**　规模猪场应该建立健全各项管理制度，包括防疫制度、员工守则及奖罚条例、生产岗位责任制、各种技术操作规程、销售制度等。各项制度应当落实到人，并保持相对稳定，需要进行定期总结分析。

**（2）有序的人才培养和考核机制**　规模化猪场主要通过生产岗位责任制对员工进行管理，同时还要每月召开生产例会，针对生产存在的问题共同商讨，制定对策并加强对员工指导。对指标完成较好的员工要给予肯定并鼓励其总结经验，把成功经验分享给更多的人；对于没有完成指标的个人，要给予指导。在生产管理中不断完善薪酬、培训、福利、考核、任免等机制，使其有机地结合起来，有丰富管理经验的管理人才和熟练操作水平的员工对猪场的发展是至关重要的。把合适的人才放在适合的岗位上，做到人适其事，事宜其人的原则，并充分予以岗位相关的权利，让其充分展示才干，这样才能真正地实现人才的价值。在现有的员工队伍中去发现去培养所需要的人才，更多地帮助他们成长，给予他们机会，搭建一个让普通员工提升自我的平台。作为管理者要鼓励员工制订个人发展计划，还要不断帮助员工随着企业的发展随时修正个人规划，不然会出现不符合实际或与实际脱节的情况，从而带给员工负面影响。企业内部要建立有关条件的培训制度。

**（3）良好的生活环境**　由于行业的性质和防疫的需要，大多数猪场只能建在较为偏僻的地方，而且员工多是外地人员。要让员工安心工作，除了完善工作环境外，还必须尽可能创造一个良好的生活环境。例如较为舒适的员工宿舍，夫妻房，干净整洁的周边环境。猪场的员工必须统一在食堂就餐，因此伙食必须卫生可口，经常征询员工的意见，尽可能多一点菜式以满足不同口味的员工需要。在节日或定期安排聚餐加菜。

**（4）活跃的文体生活**　健全场内的文化体育设施是必须的。例如，最基本的应有篮球场、乒乓球室、桌球室、卡拉OK室。定期进行体育比赛和卡拉OK比赛等。逢年过节开展一些趣味活动。在猪场内还可以建立图书室和资料库，定期组织学习，养成一个学习的氛围。同时还要为员工提供更多的学习和交流的机会，让部分员工有机会参加一些规模较大的学术交流会，增进对外交流。在场内还可以定期举行员工之间的座谈会、联谊会等交流活动，可以是工作上的，也可以是生活上的，让员工畅所欲言。增进员工之间的交流和情感沟通。

## 289. 猪场重视掌控市场信息有何重大意义？

猪场生产经营者应该及时多渠道地掌控市场信息，其内容包括国家相关方针政策，原材料的供给侧情况，生猪及产品价格走势及预测等方面的信息，可为猪场生产经营者合理调整生产经营计划、控制生产成本、降低养殖风险、提高猪场经济效益提供重要的参考。

## 290. 猪场生产管理制定操作规程的原则是什么？

猪场要依据本场工艺流程及软硬件条件，制定切实可行的生产管理操作规程，要注意以下原则：

（1）**科学性**　操作规程中设计的方案及程序，必须是科学合理的，方能适合现代养猪生产的需要。

（2）**实用性**　场内的操作规程，必须根据本场硬件条件及工艺流程，按照相关的设计指标及技术参数设置，不能照搬照抄。

（3）**便捷性**　所有操作规程是用来执行的，不是用来搞学术或纸上谈兵的，操作规程要便于生产操作，利于生产，实现高效性。

## 291. 猪场生产培训例会是否有必要？频率怎样控制？

猪场的生产培训例会是猪场生产展示、解决问题、技术培训、人员交流的重要平台，在猪场生产运行及人员培训方面作用突出。新建猪场建议每周一次，老场建议每月一次。

# 第二节 **人员管理**

### 292. 猪场的组织结构与人员责任义务有哪些?

猪场应该层层管理、分工明确、总经理负责制为原则。具体工作专人负责;既有分工,又有合作;下级服从上级;重点工作协作进行,重要事情通过场领导班子研究解决。

**(1)总经理** 负责猪场的全面工作;考核关键岗位任务完成情况。

**(2)生产场长** 负责制定具体的实施措施,落实和完成公司下达的各项生产任务;直接管辖生产线主管,通过生产线主管管理生产线员工。

**(3)销售、售后主管** 负责销售、售后服务。

**(4)畜牧主管** 负责管理配种、妊娠、分娩、保育、生长、测定车间生产管理工作;负责执行饲养管理技术操作规程和有关生产线的管理制度,并组织实施;负责监督检查生产线各岗位的职责完成情况。

**(5)兽医主管** 主持全场猪病防控工作;负责执行全场卫生防疫制度。

**(6)公猪站主管** 负责公猪站精液的正常生产。

**(7)饲养员**

①公猪站饲养技术工人:负责公猪的饲喂,圈舍卫生工作;负责精液的正常采集、生产工作。

②配怀车间饲养员:负责限位栏内妊娠猪的饲喂,圈舍卫生工作;协助配种员做好妊娠猪转群、调整工作;完成管理人员安排的其他各项工作。

③哺乳母猪、仔猪饲养员:负责产栏哺乳母猪、仔猪的饲养管

理工作；负责分娩舍接产、仔猪护理工作；完成管理人员安排的其他各项工作。

④保育猪饲养员：负责保育猪的饲喂、圈舍卫生工作；完成管理人员安排的其他各项工作。

**（8）技术人员**

①公猪站　负责精液的采集和质量检测；负责常温精液的生产；完成管理人员安排的其他各项工作。

②配种员　负责每天两次的母猪发情鉴定工作；负责发情母猪的适时配种工作；负责相关猪群的饲喂管理工作；负责妊娠母猪的孕检工作；完成管理人员安排的其他各项工作。

③兽医　负责全场猪群的免疫接种；负责猪场、猪群的消毒工作；负责制订猪群保健、治疗药物的使用方案；负责病猪的临床治疗、及时隔离；负责淘汰猪和死亡猪的鉴定；负责入场药物的效果监测；负责猪群核心疫病适时抗体水平检测工作；相关原始记录、报表的收集、整理；完成管理人员安排的其他各项工作。

**（9）库管人员**　负责场内饲料、药物、疫苗及其它各类物资的入库、监管、发放并做好记录；做好猪群异动、销售记录；并做好物资、猪群收发存报表；完成管理人员安排的其他各项工作。

## 293. 猪场如何选聘、培育、留住人才？

猪场人事部门须根据岗位设置情况和人员流动情况，制定人才选聘方案。人才的选聘必须未雨绸缪，不能急抓，关键管理、技术岗位要有人员储备，在确保猪场人员正常流动的情况下，管理技术人才按1.2倍左右的比例配备（含储备部分）。猪场可以通过校园招聘、实习生选留、业内人士推荐等多种方式选聘。

关于猪场人才的培训，通过定期理论培训和现场操作相

结合的方式进行，采用场内培训与场外交流学习相结合的方式
展开。

由于猪场特殊的工作环境和封闭的管理模式，在留住人才方面
需要投入更多的精力。创造优美的居住环境和良好的住宿条件，每
月8天左右的休假，相对优渥的薪资待遇，良好的发展空间等软硬
件条件。

## 294. 猪场如何打造核心团队?

（1）**目标明确**　养猪的目的就是为了共同把猪养好、利润最大
化、利益分享。任何动机不良的管理都会造成人与人之间的相互不
信任。

（2）**团队合作**　提高行动一致性，产生同心协力的效果。员工
明确老板的要求、老板照顾员工的需求，一切建立在平等关怀的基
础之上。

（3）**经营者正确的决策与员工良好的执行力**　经营者多调研，
作出科学可行的决策，制定工作流程图，了解生产一线每个环节，
以细化工作内容，提高工作的可操作性，确保员工的执行力。

## 295. 怎样解决执行力问题?

提高猪场执行力问题，需做好以下方面的事情：

（1）**要有明确的目标**　在做每项工作时，都先要有明确的工作
目标，领导及员工都要做到"沟通要充分，决定要服从"。一线员
工在接到任务时，要做到服从目标、服从领导、服从变化。

（2）**要有细致的计划**　先要制订详尽细致的工作计划，再要求
员工按照计划开展工作。管理人员要注意的是，口头沟通的方式是
无法完全使目标落实到位，也不便于跟踪管理，每个目标都要有明
确的书面方案，才能规范员工执行过程的行为。

（3）**要有合理的流程**　把"靠领导推动工作"转向"靠流程管
理工作"。首先要制订清楚的工作流程，明确每个流程的具体业务，

其次要规定每个具体流程运作的时间，即每项工作要在什么时间内完成，最后还要保证每个流程的信息畅通，以确保及时正确的结果评估或信息传递。处于工作流程中的工作人员在接受任务时不能对任务目标随意更改；不能随意怀疑领导的决策，要按照流程保质保量地完成上级交办的任务。

（4）要有科学的考评　考评的出发点在于营造一个公平的工作环境，让每个员工都得到公正的回报，所以在考核办法的制订过程中，必须要充分考虑各类员工的工作性质和环境差异。也不能过分强调个人英雄主义而忽略团队的力量，要做到因团队的成长带动个人的成长，也要体现个人的成就促进团队的发展。例如：部门的成绩得到了肯定，部门所有人都应该享受到奖励政策，而对于贡献突出的个人，应相应给予另外奖励，这样才能树立标杆作用，从而带动集体的执行力提升。

（5）要有到位的监督　猪场管理精髓之一就是：日事日清，日清日高。在管理过程中，监察工作的重要性是毋庸置疑的。缺乏对执行过程的跟踪与监管，任何人都可能偷懒。及时对执行结果进行反馈总结，是提高管理执行力的有效手段。如对一线员工进行日常监督和随机抽查，有出勤率、拜访客户计划完成率、终端自动化管理检查、公司政策传达到位检查等，这都能进一步促进执行力的提升。

## 296. 猪场如何开展绩效管理？

猪场应该以PSY（每头母猪每年提供的断奶仔猪数）或MSY（每头母猪每年提供的育肥猪数）来开展绩效管理，不同岗位可以细化到受胎率、产仔数、断奶仔猪重、成活率、保育到出栏每吨饲料的产肉量来开展绩效工资的管理。考核目标要与猪场目前的工艺流程及生产成绩为基础，既要目标高远，又要实事求是。

给予员工合理的工作量，他们的贡献要得到承认，以一种他们能够接受的方式尊重他们，把他们当作团队中有价值的一员，合理的奖金及有希望的发展平台等方式展开激励机制。

### 297. 怎样才能成为一名优秀的猪场职业经理人?

作为一名优秀的猪场职业经理人,首先要能制订科学合理的生产和管理计划,随时监测生产性能(记录和测量设备),关注采购和销售(定期交流很重要),主动激励员工,积极进行自我培训(坚持学习至关重要),熟悉当地及全国市场,热爱养猪事业。

### 298. 猪场新老员工的培训计划如何制订?

入场新员工先培训了解猪场企业文化、规章制度;各岗位理论培训与实践操作相结合,在工作中提升、培训操作技能,由各岗位的导师现场指导,开展岗位培训;对于老员工,场内培训与场外学习相结合,采取引进来、走出去相结合的方式。

## 第三节 资金管理

### 299. 猪场资金如何构成?

猪场的资金主要包括办公楼房、圈舍建筑、设施设备构成的固定资金,猪只构成的生物资金,饲料、兽药、疫苗、耗材、员工工资等构成的流动资金,专项用途的专项资金等。固定资金的表现形式为固定资产,生物资金表现形式为生物资产,流动资金表现形式为流动资产,专用资金的账户中待用的是专项货币。

### 300. 怎样提高猪场资金的使用效率?

(1)提高固定资金的使用效率 就是要在固定资产投资前进行全面、科学论证,包括猪场生产能力、产品定位、工艺流程等,充分确保固定资金投入高效性及性价比。猪场建成后,充分利用圈舍及相关设施设备，提高其使用效率，降低固定资产的折旧率。

（2）**提高生物资金的利用度**　就是要提高生产管理水平，最大限度地将公猪及母猪的繁殖性能发挥出来，提高单头母猪年提供断奶仔猪数，提高生长猪群的生长性能，最大限度地降低猪的料肉比。

（3）**提高流动资金的使用效率**　就是设法降低流动资金的占用额。降低单位猪只的存栏时间，提高猪群的流动速度，减少饲料及相关耗材的库存，提高生产效率，加快流动资金周转速度。

（4）**提高专项资金的利用效率**　必须要保证专项资金专款专用，比如猪场改扩建，其资金必须及时到位，否则会影响猪场生产，造成不良的后果。

## 301. 怎样加强猪场成本核算？

（1）**猪场成本构成**　猪场的成本主要包括购猪、饲料费、人工费、水电费、防疫费和固定资产的折旧费、贷款及占用资金的利息、销售相关费用等。在计算成本时要将每项费用支出均摊在每头出栏猪的费用中。

①饲料：占成本60%~75%，比重很大，因此须注意饲料原料价格的涨跌，选用性价比高的饲料以降低养猪成本。

②人工费：包括经常人工和临时人工薪金、加班费等，近年来因社会环境变化工资上涨，此项成本已有逐渐增加趋势。

③疫苗药物费用：包括预防用疫苗、消毒药、保健药、治疗用药等费用。

④其他饲养费用：包括猪舍用具损耗、水电费、粪污处理费用等。

⑤管理费用：包括折旧费、修理维护费、事务费、税收、保险、福利等等。

⑥场务费用：维持整个猪场正常运转的费用。

（2）**养猪成本核算**　要提高养猪场的经济效益，需要对养猪场进行精细管理，降低养猪场的生产成本非常重要。

由近10年养猪综合出厂成本得知，饲料所占比例呈现逐年降低趋势，但其仍占总生产成本的60%~75%，居第一位；人工费用则相反，所占比例逐年攀升，其他消毒费用、器具与水电消耗及杂项支出仅占17%。

故此，降低生产成本应注意以下几个方面：

①提高生产效率，提高每头母猪年产仔猪头数及肉猪平均日增重。

②提高饲料效率，降低每千克肉猪所需饲料单价，降低饲料成本。

③猪场启用生产成绩主导的绩效考核制度，重点监控情期受胎率、胎均壮仔数、成活率及PSY和MSY，提高生产管理、一线工人的积极性与主动性，从改进管理作业模式做起，有效运用人力。

④加强猪场的管理，做好环境控制和消毒工作，降低猪只的发病率，改善环境卫生，切断病源传染途径，达到降低猪场防疫费用。

## 302. 怎样降低猪场饲料成本？

规模猪场饲料成本比例大，控制饲料成本在养猪生产中意义重大。

①采购饲料选择著名品牌、产销量大的优质供应商，他们的饲料原料品质优势及价格优势明显，确保饲料品质优良。

②直接从厂家采购，与饲料厂达成深度合作协议，降低采购单价，通过先供货、再付款的方式，减少资金压力。

③选择相应饲料厂的拳头优势产品，而不是所有的饲料都在一个厂采购。

④在保证原材料品质的情况下，可以选择自己加工饲料及与饲

料厂合作代加工饲料。

⑤根据不同阶段的猪只，选择合适的料槽及饲喂模式，加强饲养管理，减少饲料的浪费。

⑥加强饲料的出入库管理，采购新鲜的饲料，科学贮存饲料，保证饲料在干燥、通风的环境中保存。

# 第四节　**设备管理**

### 303. 为什么猪场要安装应急供电及其安全报警系统?

全封闭、自动化猪场大面积推广使用，猪场通风换气、保温照明、粪污处理等设施设备要求24小时运作。任何圈舍供电中断必须第一时间被管理者知晓，以便采取有效手段启用应急供电系统，相关断电报警系统显得尤为重要。猪场断电报警装置有声光报警器或声光报警器加自动呼叫或短信报警器，猪场可根据实际情况合理选用，最好每栋圈舍单独配备一组断电报警装置，做到断电点及时、精确被定位。

为保障安全生产，管理人员须第一时间掌控故障点，猪场必须配备应急供电系统，以保证设施设备的正常运转，比如，两套功率充足的发电机组或两套不间断供电系统。

### 304. 为什么要对猪场设施设备进行日常保养、维护和维修?

规模猪场设施设备使用频率高、价格贵，频繁出故障会严重影响生产甚至导致严重的生产事故，设施设备的日常保养及维护维修异常重要。现代化养猪场须配备专职设施设备维修维护人员，设施设备落实专人负责，坚持做好日常保养、维护维修工作，并做好相关记录记载。

# 第五节　**物资管理**

### 305. 猪场物资怎样入库登记？

猪场设置库管岗位，物资采购实行分类管理，具体分为饲料原料类、药物疫苗类、生产耗材类、五金杂物类。物资入库前，库管根据物资申购单和采购单验收，检查物资在数量、品种及规格上是否与物资申购单、采购单相符，产品质量是否符合要求。验收合格后，库管及采购人员在购物单据上签名确认，不合格的物资坚决退货。

库管应于物资验收合格当日整理完毕购物单据，按照物资的品种、数量、单价输入电脑系统，打印出入库单并签字确认后，交给出纳。如遇库管休假，应由指定的代班人员验收，并签本人的名字以明确责任。

出纳收到入库单，必须认真复核采购物资信息，确认无误后签字确认，出纳和库管各自留底入库单一联。

### 306. 猪场物资怎样领用？

猪场生产场长应在每周末前根据猪群情况制定饲料领用计划，填写《饲料（药品）出库单》并签字，交给库管发货。

生产线领用药物疫苗时，库管根据《饲料（药品）出库单》，按照"先进先出"的原则发货，各车间负责人验收无误后签名确认，出纳、库管、各车间负责人各保留一联。

各生产车间负责人应在前一天做好当日的物品领用计划，填写《物品出库单》并签字，交给库管发货。

退回仓库的作负数出库处理，手续与正常领用相同。

## 307. 库管物资怎样管理?

库管准确无误地作好猪场物资的入库、出库签收、登记工作。

饲料等大宗原料,分区科学堆码,分类标识,通道保持畅通整齐。

药品耗材分类整齐摆放,标识清楚,上架保存,便于发放及统计,定期做好卫生,随时整理整顿保持清洁。

疫苗按说明书要求冷冻冷藏保存。

物品发放严格按照领用品种、数量、规格签单领用。

收货与出货完毕后将收货造成的杂物清扫干净。

发货按照先用存货后用新货的原则,定期查看货品的库存时间,对于已超出保质期的货品进行清理、统计与上报,处理后做好相关登记备案。

# 附录1 畜禽粪污固态废弃物生产生物有机肥模式
## ——以"重庆农神生物（集团）科技有限公司"为例

堆肥化固体发酵是当今国际上畜禽粪便无害化、安全化处理的重要技术之一，也是我国今后大规模处理养殖场粪污的首选技术。养殖场粪污固体发酵技术涉及畜禽粪便中有害物质检测与去除技术、畜禽粪便高效堆肥发酵工艺、动物尸体微生物发酵技术、畜禽粪便转化与高值化利用技术、高附加值固态有机肥标准化利用技术等多项技术领域，如何实现粪污综合利用、变废为宝，重庆农神生物（集团）公司自行研发连续池式发酵技术，利用畜禽粪污固态废弃物生产生物有机肥的模式值得推广和借鉴。

### 一、概况

重庆农神生物（集团）科技有限公司是我国最早利用畜禽粪污进行综合无害化处理并进行资源化利用的四家企业之一，在发酵畜禽粪便能源化、肥料化利用的新工艺、新技术、新产品的研发上走在全国先进行列。该公司坚持"源头减量、过程控制、末端利用"的治理路径，将固体废弃物通过高温发酵、腐熟、添加功能性微生物组合菌群及辅料，处理成精制的"通用"或"专用生物有机肥"，实现了固体废弃物的资源化利用。年生产能力达15万吨，年处理畜禽污染达60万米$^3$。

## 二、工艺流程

见附图1。

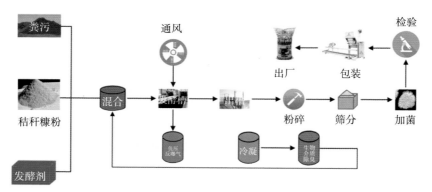

附图1　畜禽粪便或沼渣生产生物有机肥工艺流程图

## 三、技术路线

采用独特的连续池式发酵技术，靠高压风机强制通风和翻堆时物料与空气接触提供的氧气进行连续好氧发酵，使畜禽粪污等影响环境的有机废弃物快速腐熟、去水、除臭，达到无害化、资源化和减量化的目的。经过连续7~8天发酵腐熟后，最终通过挤压造粒、抛光整型新工艺形成生物有机肥产品。

**1.发酵菌剂研制**　重庆农神生物（集团）科技有限公司下属子公司重庆微源生物工程有限公司专业从事"有机废物发酵菌曲"研发、生产，系国内具有自主知识产权的发酵剂产品，由多种不同的微生物组成，每克所含菌量超出农业农村部颁发的标准。能使畜禽粪污及秸秆等有机废弃物快速腐熟，使有机质及磷、钾等元素成为植物生长所需的营养，并产生大量有益微生物，刺激作物生产，提高土壤有机质，增强植物抗逆性，减少化肥使用量，改善作物品质，实现农业的可持续发展。

**2.连续槽式发酵**　采用槽式好氧发酵工艺，在有效微生物菌种的作用下，可使畜禽粪便等有机废弃物在24小时内发酵温度上升至40℃，36小时实现除臭，48小时温度上升至60℃以上，7天内完成腐熟、脱水。见附图2。

3.**自动翻堆**　发酵物料时，自动翻堆，为补充微生物所需的氧气量，在生产工艺控制过程中，采用负压曝气的方式，使得发酵所需氧气得到满足，实现正常的除臭、发酵功能。见附图3。

附图2　连续槽式发酵　　　　　　　　附图3　自动翻堆

4.　**自动蒸发去水**　通过持续翻倒，带走大量水蒸气，使畜禽粪便在高温发酵过程中快速脱水，达到成品要求。见附图4。该项生产工艺解决了场区、车间内氨气浓度高的问题，引风后集中排放的气体经处理后，完全实现达标排放。

附图4　自动蒸发去水

5.　**制粒**　利用发酵腐熟的粉状有机肥通过制粒设备进行制粒处理后，再通过低温冷却、筛分等工艺即可进行包装。见附图5。

附图5　有机肥成套制粒设备

## 四、生产成品

利用畜禽粪便生产出的生物有机肥产品（附图6，附图7），符合农业农村部颁布的生物有机肥行业标准（NY 884—2012）：产品有机质大于等于40%，有效菌大于2 000万/克，蛔虫卵死亡率达到95%以上，粪大肠杆菌数小于100个/克，产品有效期应大于等于6个月。

附图6　生物有机肥颗粒　　　　　附图7　生物有机肥成品

1. **生物有机肥料**　经有益微生物快速发酵、除臭、腐熟而制成粉剂或颗粒，生产生物有机肥料。

2. **速效生物肥料**　除有机质和微生物外，根据不同土壤肥力条件配加少量速效化肥和微量元素，生产速效生物肥料。

3. **配方生物肥料**　检测土壤养分，测土配方，将无机肥源、有机肥源及微生物配合发酵，生产配方生物肥料。

# 附录2  畜禽粪污液态废气物
# 循环利用模式

## ——以重庆蓝标科技有限公司为例

畜禽粪污液态废弃物是指畜禽养殖场排放的畜禽污水，主要来源为规模化养殖场的沼液，属高污染物，具有悬浮物多、有机物浓度高、氨氮浓度高、含有重金属、致病菌并有恶臭等特点。目前，畜禽污水处理技术可分为物化处理技术和生物处理技术两大类，常见的物理处理技术有吸附法、磁絮凝沉淀、电化学氧化、Fenton氧化等。畜禽污水含有丰富的氮、磷、钾等微量元素，还有氨基酸、B族维生素、各种水解酶、有机酸和腐殖酸等生物活性物质，是很好的有机肥料。

现以重庆蓝标科技有限公司为例认识畜禽粪污液态废弃物循环利用模式。

## 一、概况

重庆蓝标科技有限公司（BST）是一家专门致力于畜牧养殖行业粪污处理及资源化再利用生物技术的研发及应用的企业。其自主知识产权的KO系列菌剂、KO系列酶制剂及微纳米曝气技术的综合应用，有效突破了该领域的技术壁垒。通过微生物好氧、厌氧、沉淀、净化、浓缩等处理工艺，将畜禽污水（含沼液）处理成对植物生产有效的有机液肥并外销利用；同时通过太阳能蒸发装置浓缩污水水分，部分中水在养殖场区回用，实现畜禽污水全面资源化循环利用。

本技术的设施建设简便，液肥浓缩效率高，所得液肥质量高，水蒸气全部回用，且运行成本很低。

## 二、工艺流程

### 1. 污水处理　见附图8。

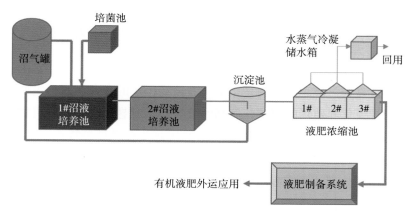

附图8　养殖污水处理工艺流程

### 2. 液态肥浓缩蒸发　见附图9。

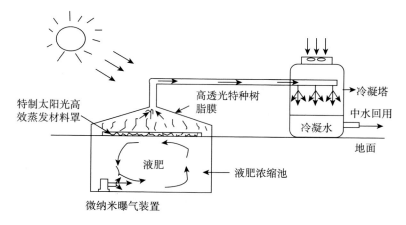

附图9　液态肥浓缩蒸发工艺流程

### 三、技术路线

由于畜禽污水收集相对难度较大，运输成本高，液态肥需求市场有限，因此采取"散点处理"的方式进行畜禽污水处理。即在单个养殖场规模不大、且相对集中的养殖小区内设厂集中处理，在大型、特大型养殖区选点分别处理。最佳处理方式是处理成中水在养殖区回用。

**1. 发酵**　使用专有生物酶制剂与从当地沼液中筛选出的特效兼氧细菌共同培养，培养周期3~4周。

KO微生物制剂是来自于本土自然菌经过分离提纯和驯化的KO厌氧、好氧的复合微生物，其中包含高效脱BOD微生物、高效脱氮微生物、污泥降解微生物等，将污水中有机污染物快速降解。见附图10。

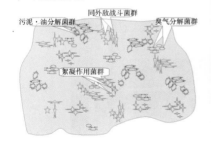

附图10　KO复合菌落示意图

**2. 纳米曝气**　安装自行研发生产的纳米曝气装置，提供好氧池中好氧菌所需的氧气成分，曝气1周，有效控制氨氮等浓度指标在合理水平。见附图11。

**3. 循环处理**　在1#沼液培养池正常导入沼液原水，进入正常处理周期。2#沼液培养池开始出水进入沉淀池，沉淀池底部活性污泥返送至培菌池，再溢流进入1#沼液培养池。见附图12。

而沉淀池中的上清液溢流进入浓缩池，此时导致植物根部腐烂的有害成分和有害菌群已基本被降解，臭气也被完全分解，已可用作液肥。

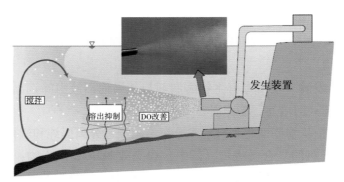

附图11　KO微纳米曝气装置改善水质效果图

附图12　沼液循环处理

**4.浓缩**　针对沼液产量大、处理成本高、储存运输困难和营养物质含量偏低等问题，采用适度好氧处理后，使用特质材料，采用太阳能高效蒸发浓缩技术，将沼液浓缩成液肥（附图13），进入液肥制备系统，调节液肥各营养物指标，对应销售于不同需求的客户。

附图13　沼液肥

5. **中水回收**　将蒸发出的水蒸气生产蒸馏水进行回用。

6. **深度净化**　沉淀池上清液经深度净化系统处理后，脱除磷等剩余难去除污染物，深度净化系统产生污泥可用于堆肥。

# 参　考　文　献

李胜利. 猪对水的需要量与质量要求[J]. 养殖技术顾问2014（12）：50-50.

王永强，谢红兵，魏刚才，等. 规模化养猪场的科学用水管理[J]. 中国饲料，2012. 17：011.

范晓明，张家庆，付鹏辉，等. 不同结构猪舍对种公猪精液耐保存性和精子活力的影响[J]. 2011养猪（1）：29-30.

贺明侠，王连俊. 地下水及地质作用对建筑工程的影响[J]. 土工基础，2005. 19（3）：19-22.

郭宗义，刘良. 猪场通风降温设备选型及效果评价[J]. 畜禽业2015（9）：22-23.

刘良，魏文栋，毛建军. 空气过滤器在公猪站的应用[J]. 猪业科学，2013. 29（12）：78-79.

郭宗义，刘良. 规模猪场给水工程设计与常见问题[J]. 畜禽业，2012（11）：26-28.

郭宗义，刘良. 西部地区集约化猪场建设中存在的主要问题探讨[J]. 畜禽业，2012（11）：28-29.

刘良，屈懿. 仔猪常用地暖方式与评价[J]. 畜禽业，2012（11）：30-31.

刘良，白林，王志全，等. 发酵床养猪法略谈[J]. 畜禽业，2011（3）：24-26.

陈德娜，刘良，朱建军，等. 规模化猪场夏季温控措施[J]. 畜禽业，2009（9）：52-53.

刘良，毛建军，郭宗义，等. 福利养猪之"120模式"[J]. 畜禽业，2009（9）：4-5.

李光武，潘洪先，郭宗义，等. 极端气象事件对养猪业的冲击及其应对措施——以四川，重庆为例[J]. 中国畜牧杂志，2013，49（10）：15-19.

Kornegay E T，张贤群. 猪舍地板表面和地板材料[J]. 国外畜牧学. 猪与禽，1985，5：018.

郭玉石.猪舍内防暑降温的措施[J].养殖技术顾问,2014(8)：35-35.

刘平,马承伟,李保明,等.猪舍夏季降温技术应用研究现状[J].农业工程学报,1997,13（1）：17-52.

张庆东,耿如林,戴晔.规模化猪场清粪工艺比选分析[J].中国畜牧兽医,2013,40（2）:232-235.

安立龙,2004.家畜环境卫生学[M].高等教育出版社.

李震钟,1993.家畜环境卫生学附牧场设计[M].农业出版社.

顾宪红,2005.畜禽福利与畜产品品质安全[M].中国农业科学技术出版社.

葛梦兰.楼层式现代化猪场生产工艺设计[D].四川农业大学,2013.

马驰骋.畜舍发酵床系统微生物来源及其特性研究[D].南京农业大学,2010.

文士心.养猪方式的选择[J].农村养殖技术,2008(10)：7-8.

刘继军,贾永全,2008.畜牧场规划设计[M].中国农业出版社.

李保明,施政香,2005.设施农业工程工艺及建筑设计[M].中国农业出版社.

马承伟,苗香雯,2005.农业生物环境工程[M].中国农业出版社.

王林云主编,2007.现代中国养猪[M].北京；金盾出版社.

郭宗义等主编,2017.现代实用养猪技术大全[M].北京；化学工业出版社.

张金洲等主编,2017.零起点学办养猪场[M].北京；化学工业出版社.

杨公社主编,2002.猪生产学[M].北京：中国农业出版社.

郑丕留主编,1986.中国猪品种志[M].上海：上海科学技术出版社.

冯继金主编,2003.种猪饲养管理技术与管理[M].北京:中国农业大学出版社.

陈主平等主编,2015.适度规模猪场高效生产技术[M].中国农业科学技术出版社.

王美芝,吴中红,刘继军.标准化规模化猪场中猪舍的环境控制[J].猪业科学,2011,28（03）:28-31+8.

陈弟诗,邢坤,潘梦,张毅,秦学远,裴超信,蔡冬冬.规模化猪场的环境控制措施[J].现代农业科技,2013,(05):286-289.

张腾.规模化猪场的环境控制与保护措施[J].贵州畜牧兽医,2016,40(02):57-60.

韩惠瑛,师汇,李小魁.规模猪场环境与疫病综合控制技术推广应用[J].中国动物检疫,2007,(10):36-37.

彭翔. 环境应激对猪的影响及相应措施 [J]. 饲料与畜牧·规模养猪, 2015 (12).

袁晓霞. 浅谈规模化猪场的环境控制技术 [J]. 中国畜禽种业, 2013, 9(4):94-95.

王惠强. 夏季猪场的环境控制技术 [J]. 今日畜牧兽医, 2012 (6):23-24.

蔡茂扬. 猪场环境控制的思路与新方法 [J]. 北方牧业, 2013 (21):14-15.

颜培实, 李如治. 家畜环境卫生学, 第4版 [M]. 高等教育出版社, 2011.

刘继军, 贾永全, 2008. 畜牧场规划设计 [M]. 中国农业出版社.

董红敏, 陶秀萍, 2007. 畜禽养殖环境控制与通风降温 [M]. 中国农业出版社.

黄武光, 2015. 智能化猪场建设与环境控制 [M]. 中国农业科学技术出版社.

王林云, 2004. 养猪词典 [M]. 北京: 中国农业出版社.

王林云, 2011. 中国地方名猪研究集锦 [M]. 中国农业大学出版社.